普通高等教育"十三五"规划教材

选矿尾矿处理工艺与实践

陈江安　编著

北　京

冶金工业出版社

2018

内 容 提 要

本书共分6章，简要介绍了尾矿的相关概念和尾矿的工程性质，详细介绍了尾矿浓缩的相关设备、计算和选用方法，尾矿输送管线的布置、计算和设备选型，尾矿库的基本概念、基础设施计算、建设、操作方法和安全管理，尾矿的综合利用的意义及尾矿处理实例。

本书可作为大专院校相关专业的教材，也可作为相关厂矿企业提高员工专业基础知识的培训教材。

图书在版编目（CIP）数据

选矿尾矿处理工艺与实践/陈江安编著. —北京：冶金工业出版社，2018.12

普通高等教育"十三五"规划教材

ISBN 978-7-5024-7965-7

Ⅰ.①选… Ⅱ.①陈… Ⅲ.①尾矿处理—高等学校—教材 Ⅳ.①TD926.4

中国版本图书馆 CIP 数据核字（2018）第 268817 号

出 版 人　谭学余
地　　　址　北京市东城区嵩祝院北巷 39 号　邮编　100009　电话　(010)64027926
网　　　址　www.cnmip.com.cn　电子信箱　yjcbs@cnmip.com.cn
责任编辑　张熙莹　美术编辑　彭子赫　版式设计　禹　蕊
责任校对　郑　娟　责任印制　李玉山
ISBN 978-7-5024-7965-7
冶金工业出版社出版发行；各地新华书店经销；固安华明印业有限公司印刷
2018 年 12 月第 1 版，2018 年 12 月第 1 次印刷
169mm×239mm；9.75 印张；188 千字；146 页
42.00 元

冶金工业出版社　投稿电话　(010)64027932　投稿信箱　tougao@cnmip.com.cn
冶金工业出版社营销中心　电话　(010)64044283　传真　(010)64027893
冶金工业出版社天猫旗舰店　yjgycbs.tmall.com

（本书如有印装质量问题，本社营销中心负责退换）

前　言

　　我国是一个矿业生产大国，矿业固体废料的积存量和年排放量十分巨大，每年产生的矿山尾矿近十亿吨。目前，这类废料多以自然堆积法储存于尾矿库中，这些尾矿不仅要侵占大量的土地，污染着矿区与周边地区的环境，而且每年还需要投入人力和资金进行管理和维护，因此尾矿已成为矿山企业的较大负担。很明显，有效地对尾矿进行处理，降低管理维护成本，对矿山的发展具有深远意义。全国大多数硫铁矿选矿厂采用磁重联合工艺进行选矿，年产尾矿达亿吨。工艺流程为经过浓缩后，输送至尾矿库堆存。尾矿处理作为选矿生产工艺的重要组成部分，是矿业公司生产建设管理的重中之重，尾矿库一旦失事，会给库下游人民生命财产造成灾难性的损失。因此，当前不仅需要培养尾矿处理方面的工程技术人员，也需要对尾矿相关的生产工艺技术岗位的工作人员进行培训。

　　本书系统地介绍了尾矿的定义、尾矿浓缩、尾矿输送、尾矿库、尾矿综合利用、南京梅山铁矿尾矿处理实践等基础知识及理论基础。本书可作为大专院校相关专业的教材，也可作为相关厂矿企业专业基础知识的培训教材，以提升我国尾矿工程师的专业技术理论水平和岗位作业技能，提高培训内容与工作实际相关的结合度，推进技能人才队伍建设。

　　本书特别感谢南京梅山铁矿王国强老师提供的生产工艺数据。

　　由于作者水平所限，书中不足之处，敬请读者批评指正。

作　者
2018 年 9 月

目　录

1 绪论 ……………………………………………………………………………… 1

1.1 尾矿的定义 …………………………………………………………………… 1

1.2 尾矿的分类 …………………………………………………………………… 2

1.2.1 尾矿的选矿工艺类型 ……………………………………………… 2

1.2.2 尾矿的岩石化学类型 ……………………………………………… 2

1.3 尾矿的成分 …………………………………………………………………… 2

1.4 尾矿的工程性质 ……………………………………………………………… 3

1.4.1 尾矿的沉积特性 …………………………………………………… 3

1.4.2 尾矿的密度 ………………………………………………………… 4

1.4.3 尾矿的渗透性 ……………………………………………………… 5

1.4.4 尾矿的压缩性 ……………………………………………………… 5

1.4.5 尾矿的抗剪强度特性 ……………………………………………… 6

复习思考题 …………………………………………………………………………… 7

2 尾矿浓缩 ………………………………………………………………………… 8

2.1 浓缩设备 ……………………………………………………………………… 8

2.1.1 中心传动式浓缩机 ………………………………………………… 8

2.1.2 周边传动式浓缩机 ………………………………………………… 11

2.1.3 高效浓缩机及其他浓缩设备 ……………………………………… 13

2.2 浓缩池的计算与选择 ………………………………………………………… 18

2.2.1 所需浓缩池有效面积的确定 ……………………………………… 18

2.2.2 浓缩池高度的确定 ………………………………………………… 23

2.2.3 浓缩池的选择 ……………………………………………………… 25

2.3 浓缩池的构造与配置 ………………………………………………………… 26

2.3.1 给矿 ………………………………………………………………… 26

2.3.2 排矿 ………………………………………………………………… 26

2.3.3 底部通廊 …………………………………………………………… 27

2.3.4 冲洗水管 …………………………………………………………… 27

　　　2.3.5　溢流 ·········· 28

　　　2.3.6　传动及安全设施 ·········· 30

　　　2.3.7　浓缩池的布置 ·········· 31

　　复习思考题 ·········· 33

3　尾矿输送 ·········· 34

　3.1　尾矿压力输送 ·········· 34

　　　3.1.1　尾矿输送管线布置原则 ·········· 34

　　　3.1.2　尾矿输送管的敷设方式 ·········· 34

　　　3.1.3　砂泵站的形式及连接方式 ·········· 35

　　　3.1.4　砂泵类型及其特点 ·········· 36

　　　3.1.5　尾矿自流输送 ·········· 37

　　　3.1.6　输送管材及零件 ·········· 37

　3.2　尾矿输送计算 ·········· 38

　　　3.2.1　决定尾矿水力输送设施工作的基本参数 ·········· 38

　　　3.2.2　固体物质在局部沉积管内水力输送的计算方法 ·········· 40

　　　3.2.3　局部沉积管内水力坡降与流速的关系 ·········· 42

　3.3　砂泵站 ·········· 45

　　　3.3.1　离心式砂泵泵站 ·········· 45

　　　3.3.2　容积式浆体泵泵站 ·········· 58

　　　3.3.3　特种浆体泵 ·········· 65

　　复习思考题 ·········· 70

4　尾矿库 ·········· 71

　4.1　概述 ·········· 71

　　　4.1.1　尾矿库的类型及特点 ·········· 71

　　　4.1.2　尾矿库的库容 ·········· 72

　　　4.1.3　尾矿库的面积-容积曲线 ·········· 73

　　　4.1.4　尾矿库堆积高度的确定 ·········· 74

　　　4.1.5　尾矿库的等别 ·········· 75

　4.2　尾矿坝 ·········· 75

　　　4.2.1　初期坝 ·········· 76

　　　4.2.2　后期坝 ·········· 79

　4.3　尾矿坝稳定性的概念 ·········· 80

　　　4.3.1　尾矿坝坝坡破坏的一般形态 ·········· 81

4.3.2 尾矿坝坝坡稳定的安全系数 ……………………………… 82

4.4 尾矿库排洪系统 …………………………………………………… 82

4.4.1 排洪系统的型式 …………………………………………… 82

4.4.2 洪水计算及调洪演算的有关概念 ………………………… 83

4.5 排水构筑物 ………………………………………………………… 85

4.5.1 排水井 ……………………………………………………… 85

4.5.2 排水斜槽 …………………………………………………… 86

4.5.3 排水管 ……………………………………………………… 87

4.5.4 排水隧洞 …………………………………………………… 87

4.5.5 溢洪道 ……………………………………………………… 88

4.5.6 截洪沟 ……………………………………………………… 88

4.6 尾矿库的操作、管理与维护 ……………………………………… 89

4.6.1 尾矿库的操作 ……………………………………………… 89

4.6.2 尾矿库排洪 ………………………………………………… 93

4.7 尾矿坝的观测 ……………………………………………………… 94

4.7.1 坝体水平位移观测 ………………………………………… 94

4.7.2 坝体沉降观测 ……………………………………………… 96

4.7.3 坝体固结观测 ……………………………………………… 97

4.7.4 坝体孔隙水压力观测 ……………………………………… 98

4.7.5 坝体浸润线观测 …………………………………………… 98

4.7.6 坝基扬压力观测 …………………………………………… 100

4.7.7 绕坝渗流观测 ……………………………………………… 100

4.7.8 渗流量观测 ………………………………………………… 101

4.7.9 渗流水水质监测 …………………………………………… 102

4.7.10 观测实例 ………………………………………………… 102

4.7.11 观测成果分析的重要性 ………………………………… 104

4.8 尾矿库的安全管理 ………………………………………………… 104

4.8.1 尾矿库管理的任务、机构与职责 ………………………… 104

4.8.2 尾矿库的安全管理制度 …………………………………… 106

4.8.3 尾矿库的规划 ……………………………………………… 107

4.8.4 尾矿库的险情预测 ………………………………………… 107

4.8.5 尾矿库的闭库 ……………………………………………… 108

4.8.6 尾矿库的档案工作 ………………………………………… 108

4.9 尾矿坝的安全治理 ………………………………………………… 110

4.9.1 尾矿坝裂缝的处理 ………………………………………… 110

4.9.2　尾矿坝渗漏的处理 …………………………………… 114

4.9.3　尾矿坝滑坡的处理 …………………………………… 116

4.9.4　尾矿坝管涌的处理 …………………………………… 118

4.10　尾矿坝的抢险 ………………………………………… 120

4.10.1　防漫顶措施 ………………………………………… 120

4.10.2　防风浪冲击 ………………………………………… 121

4.11　尾矿库的巡检 ………………………………………… 122

复习思考题 …………………………………………………… 123

5　尾矿综合利用 ……………………………………………… 124

5.1　尾矿综合利用的意义 …………………………………… 124

5.1.1　尾矿的堆存与危害 …………………………………… 124

5.1.2　尾矿综合利用的重大意义 …………………………… 124

5.2　尾矿的物理性质和化学成分 …………………………… 125

5.3　尾矿综合利用实践 ……………………………………… 127

5.3.1　尾矿综合利用的途径 ………………………………… 127

5.3.2　利用尾矿回收有用金属与矿物 ……………………… 128

5.3.3　利用尾矿烧制水泥 …………………………………… 129

5.3.4　利用尾矿制造砖 ……………………………………… 130

5.3.5　利用尾矿制造其他建筑材料 ………………………… 131

5.4　我国尾矿综合利用存在的问题与对策 ………………… 136

5.4.1　存在的问题 …………………………………………… 136

5.4.2　尾矿利用的对策与建议 ……………………………… 136

复习思考题 …………………………………………………… 138

6　南京梅山铁矿尾矿处理实践 …………………………… 139

6.1　梅山尾矿的性质 ………………………………………… 139

6.2　梅山湿尾矿的浓缩与输送 ……………………………… 140

6.3　梁塘尾矿库 ……………………………………………… 142

6.3.1　梁塘尾矿库基本情况 ………………………………… 142

6.3.2　管理要求 ……………………………………………… 143

6.4　梅山尾矿综合利用 ……………………………………… 144

复习思考题 …………………………………………………… 145

参考文献 ……………………………………………………… 146

1 绪　　论

矿产资源是人类生存和发展的重要物质基础之一。我国 95% 的能源和 85% 的原材料来自矿产资源。随着生产力的发展和科学技术水平的提高，人类可利用的矿产资源的种类、数量越来越多，可利用的范围越来越广。到目前为止，全世界已发现的矿物有 3300 多种，其中具有工业意义的有 1000 多种。每年开采各种矿产 150 亿吨以上，若包括废石在内则达 1000 亿吨以上。以矿产品为原料的基础工业和相关加工工业产值约占全部工业产值的 70%，不论从全球还是从中国看，矿产资源开发对社会经济和生态环境的意义都十分重要。

在工业上用量最大并对国民经济发展有重要意义的金属矿产主要有含铁、锰、铜、铅、锌、铝、镍、钨、铬、锑、金、银等矿产。以上矿石储量和开采量都很大，但因为矿石的品位普遍较低，多数为贫矿，需要经过选矿加工后才能作为冶炼原料，所以产生出大量的尾矿，如铁尾矿产出约占原矿石量的 60% 以上。随着经济发展对矿产品需求的大幅度增加，矿产资源开发规模随之加大，尾矿的产出量还会不断增加。为了管理好这些尾矿，就需要尾矿工程，包括尾矿浓缩、尾矿库的修筑、尾矿输送设备、输送管路的铺设以及平时的经营管理等。

近年来，国内外非常重视尾矿的综合利用研究，各国均投入大量的资金，研究尾矿的综合利用技术，并取得了明显的社会效益和经济效益。我国在金属矿山尾矿综合利用研究方面也取得了一定的进展和成绩。面临矿产资源今后严重短缺的形势，越来越多的人认识到尾矿利用具有经济意义、环境保护效益和矿产资源持续供给的作用。

1.1　尾矿的定义

尾矿，就是选矿厂在特定经济技术条件下，将矿石磨细、选取"有用组分"后所排放的废弃物，也就是矿石经选别出精矿后剩余的固体废料。一般由选矿厂排放的尾矿矿浆经自然脱水后所形成的固体矿业废料是固体工业废料的主要组成部分，其中含有一定数量的有用金属和矿物，可视为一种"复合"的硅酸盐、碳酸盐等矿物材料，并具有粒度细、数量大、成本低、可利用性大的特点。通常尾矿作为固体废料排入河沟或抛置于矿山附近筑有堤坝的尾矿库中，因此，尾矿成为矿业开发，特别是金属矿业开发造成环境污染的重要来源。同时，因受选矿技术水平、生产设备的制约，尾矿也成为矿业开发造成资源损失的常见途径。换言之，尾矿具有二次资源与环境污染双重特性。

1.2　尾矿的分类

1.2.1　尾矿的选矿工艺类型

不同种类和不同结构构造的矿石，需要不同的选矿工艺流程，而不同的选矿工艺流程所产生的尾矿在工艺性质上，尤其在颗粒形态和颗粒级配上，往往存在一定的差异。因此，按照选矿工艺流程，尾矿可分为如下 6 种类型：手选尾矿、重选尾矿、磁选尾矿、浮选尾矿、化学选矿尾矿、电选及光电选尾矿。

1.2.2　尾矿的岩石化学类型

按照尾矿中主要组成矿物的组合搭配情况，可将尾矿分为如下 8 种岩石化学类型：镁铁硅酸盐型尾矿、钙铝硅酸盐型尾矿、长英岩型尾矿、碱性硅酸盐型尾矿、高铝硅酸盐型尾矿、高钙硅酸型尾矿、硅质岩型尾矿、碳酸盐型尾矿。

1.3　尾矿的成分

尾矿的成分包括化学成分与矿物成分，无论何种类型的尾矿，其主要组成元素，不外乎 O、Si、Ti、Al、Fe、Mn、Mg、Ca、Na、K、P 等几种，但它们在不同类型的尾矿中，其含量差别很大，且具有不同的结晶化学行为。尾矿的化学成分常用全分析结果表示。

尾矿的矿物成分，一般以各种矿物的质量分数表示，根据我国一些典型金属和非金属矿山的资料统计，各类型尾矿化学成分和矿物组成见表 1-1。

表 1-1　我国几种典型矿床尾矿的化学成分

尾矿类型	化学成分/%											
	SiO_2	Al_2O_3	Fe_2O_3	TiO_2	MgO	CaO	Na_2O	K_2O	SO_3	P_2O_5	MnO	烧损
鞍山式铁矿	73.27	4.07	11.60	0.16	4.22	3.04	0.41	0.95	0.25	0.19	0.14	2.18
岩浆型铁矿	37.17	10.35	19.16	7.94	8.50	11.11	1.60	0.10	0.56	0.03	0.24	2.74
火山型铁矿	34.86	7.42	29.51	0.64	3.68	8.51	2.15	0.37	12.46	4.58	0.13	5.52
矽卡岩型铁矿	33.07	4.67	12.22	0.16	7.39	23.04	1.44	0.40	1.88	0.09	0.08	13.47
矽卡岩型铁矿	35.66	5.06	16.55	—	6.79	23.95	0.65	0.47	7.18	—	—	6.54

续表 1-1

尾矿类型	化学成分/%											
	SiO₂	Al₂O₃	Fe₂O₃	TiO₂	MgO	CaO	Na₂O	K₂O	SO₃	P₂O₅	MnO	烧损
矽卡岩型钼矿	47.51	8.04	8.57	0.55	4.71	19.77	0.55	2.10	1.55	0.10	0.65	6.46
矽卡岩型金矿	47.94	5.78	5.74	0.24	7.97	20.22	0.90	1.78	—	0.17	6.42	—
斑岩型钼矿	65.29	12.13	5.98	0.84	2.34	3.35	0.60	4.62	1.10	0.28	0.17	2.83
斑岩型铜钼矿	72.21	11.19	1.86	0.38	1.14	2.33	2.14	4.65	2.07	0.11	0.03	2.34
斑岩型铜矿	61.99	17.89	4.48	0.74	1.71	1.48	0.13	4.88	—	—	—	5.94
岩浆型镍矿	36.79	3.64	13.83	—	26.91	4.30			1.65			11.30
细脉型钨锡矿	61.15	8.50	4.38	0.34	2.01	7.85	0.02	1.98	2.88	0.14	0.26	6.87
石英脉型稀有矿	81.13	8.79	1.73	0.12	0.01	0.12	0.21	3.62	0.16	0.02	0.02	
长石石英矿	85.86	6.40	0.80		0.34	1.38	1.01	2.26				
碱性岩型稀土矿	41.39	15.25	13.22	0.94	6.70	13.4	2.58	2.98	—	—	—	1.73

1.4 尾矿的工程性质

尾矿是普遍用于后期尾矿坝构筑的工程材料。由于尾矿的特定加工过程和排放方法，又经受水力分级和沉淀作用，形成了各向异性的尾矿沉积层，其压缩变形、强度特性、渗流状态和振动响应特性随尾矿类型、沉积方式、时间和空间而变化。就总体性质而言，尾矿沉积层既类似于又有别于天然土壤，既符合又不完全适用传统土力学理论。此外，尾矿坝大多是在分期升高中构筑，在构筑中使用，其结构和功能也完全不同于普通的蓄水坝，尾矿坝的工作状态不仅取决于坝体本身的工程特性，更取决于坝后沉积的尾矿工程特性。

1.4.1 尾矿的沉积特性

通常，尾矿是以周边排放方式经水力沉积的。这样，靠近尾矿坝则以水力分级机理形成尾矿砂沉积滩，沉淀池中则以沉淀机理形成细粒尾矿泥带，其分异程度取决于全尾矿的级配、排放尾矿浆浓度和排放方法等因素。因此，在尾矿沉积层内，尾矿砂和尾矿泥或以性质不同的两个带交汇，或者高度互层化。尾矿砂和尾矿泥工程性质的差异在于，前者与松散至中密的天然砂土相似；而后者则极为复杂，在某些情况下显示出天然砂土性质，在另一些情况下显示出天然黏土性质，或者两个联合性质。

大多数尾矿类型，沉积滩坡度向沉淀池倾斜，而且在头几十米，平均坡度为

0.5%~2.0%，较陡坡度的范围是由全尾矿排放的较高浓度和（或）较粗粒级所决定的；在沉积滩的较远地方，平均坡度可缓达0.1%；再远地方，沉积过程则与连续变迁的网状水流通道的沉积相似。

这样的沉积过程产生高度不均匀的沉积滩，在垂直方向上，尾矿砂的沉积是分层的，在厚度几厘米范围内，细粒含量变化一般可高达10%~20%。如果排放点或排放管间隔大，在短的垂直距离上，细粒含量可发生50%以上的变化。此外，在尾矿砂沉积滩内，尾矿泥薄层所造成的这样急剧分层也可能是由于沉淀池水周期性浸入沉积滩，而细粒薄层由悬浮液中沉淀下来。

水平方向上的变化往往也很大，尾矿浆在沉积滩上运移过程中，较粗颗粒首先从尾矿浆中沉淀下来，只有当尾矿达到沉淀池的静水中时，较细的悬浮颗粒和胶质颗粒才沉淀下来，形成尾矿泥带。在尾矿从尾矿浆中沉淀时，颗粒通过跳动和滚动沿沉积滩表面传输，水力分级使得沉积滩上较细颗粒总的趋势是向更远处传送和沉积。

1.4.2 尾矿的密度

尾矿密度可以用干密度或孔隙比表示。表1-2列出了几种典型尾矿的实测尾矿密度，其中，在特定尾矿的孔隙比或干密度的范围内，较低的孔隙比或较高的干密度通常与沉积层内较大深度相关。相反地，最高孔隙比或最低干密度通常与沉积后浅表材料有关。用孔隙比可以比较好地表示一般趋势，其可以排除密度变化性的隐蔽影响。粒度和黏土含量控制原地孔隙比。大多数坚硬岩石尾矿，或者软弱岩石尾矿，其尾矿砂的原地孔隙比一般变化范围为0.6~0.9。低至中等塑性的尾矿泥显示出比较高的原地孔隙比，变化范围为0.7~1.3。但高塑性黏土，特别是磷酸盐黏土、铝矾土和油砂的尾矿泥则例外，这类尾矿泥的原地孔隙比很高，变化范围一般为5~10。这些材料占据很大的库容，往往产生重大的处置问题。

表1-2 几种典型尾矿的实测尾矿密度

尾矿类型		密度/g·cm⁻³	孔隙比	干密度/g·cm⁻³
油砂	尾矿砂		0.9	1.39
	尾矿泥		6~10	1.29
铅-锌	尾矿砂	2.9~3.0	0.6~1.0	1.49~1.81
	尾矿泥	2.6~2.9	0.8~1.1	1.28~1.65
金-银尾矿泥			1.1~1.2	
钼尾矿砂		2.7~2.8	0.7~0.9	1.47~1.59
铜尾矿砂		2.6~2.8	0.6~0.8	

续表 1-2

尾矿类型		密度/g·cm^{-3}	孔隙比	干密度/g·cm^{-3}
铜铁	尾矿泥	2.6~2.8	0.9~1.4	1.49~1.76
	尾矿砂	3.0	0.7	0.99~1.44
铁磷	尾矿泥	3.1	1.1	1.76
	尾矿砂	3.1~3.3	0.9~1.2	1.47
磷石膏	尾矿泥	2.5~2.8	11	0.22
	尾矿砂	3.1~3.3	9.9~1.2	1.55~1.68
铝矾土尾矿泥		2.8~3.3	8	0.32
碱土	尾矿砂	2.4~2.5	0.7	1.47
	尾矿泥	2.4~2.5	1.2	1.47
石膏		2.4	0.7~1.5	0.96~1.44

1.4.3 尾矿的渗透性

尾矿的渗透性是尾矿的一个基本特性。平均渗透系数可以跨越 5 个以上数量级，从干净、粗粒尾矿砂的 10^{-2}cm/s 到充分固结尾矿泥的 10^{-7}cm/s。渗透性的变化是粒度、可塑性、沉积方式和沉积层内深度的函数。表 1-3 示出典型尾矿的渗透系数范围。

表 1-3　典型尾矿的渗透系数范围

尾 矿 类 型	平均渗透系数/cm·s^{-1}
干净、粗粒或旋流尾矿砂，细粒含量小于15%	10^{-2}~10^{-3}
周边排放的沉积滩尾矿砂，细粒含量达30%	10^{-3}~10^{-4}
无塑性或低塑性尾矿泥	10^{-5}~10^{-7}
高塑性尾矿泥	10^{-4}~10^{-8}

尾矿平均渗透系数随着小于 0.075mm 的细粒含量增加而降低，但是，细粒含量并不是渗透系数的最有效指示，尾矿的平均渗透系数以众所周知的公式预测：

$$K = d_{10}{}^2$$

式中　K——平均渗透系数；

d_{10}——质量10%颗粒通过的粒度尺寸，mm。

上述公式可以推广应用到无塑性尾矿泥。

1.4.4 尾矿的压缩性

尾矿是三相体，在荷载作用下的压缩包括尾矿颗粒的压缩、孔隙中水的压缩和孔隙的减小。在常见的工程压力 100~600kPa 范围内，尾矿颗粒和水本身的压缩是可以忽略不计的。因此，尾矿沉积层的压缩变形主要是由于水和空气从孔隙中排出引起的。可以说，尾矿的压缩与孔隙中水的排出是同时发生的。粒度越粗，孔隙越大，透水性就越大，因而尾矿中水的排出和尾矿沉积层的压缩越快，颗粒很细的尾矿则需要很长的时间，这个过程称为渗透固结过程。

由于尾矿的松散沉积状态高棱角性和级配特性，它们的压缩性都比类似的天然土大。表 1-4 列出一维压缩试验确定的压缩指数的典型值以及测定这些值的应力范围和相应的初始孔隙比。

表 1-4　尾矿压缩指数的典型值

尾矿类型	初始孔隙比	压缩指数	应力范围/kPa
铁燧石细粒尾矿	1.37	0.19	24~958
铜尾矿泥	1.3~1.5	0.20~0.27	1~958
铜尾矿砂	1.10	0.11	96~958
油砂尾矿砂	1.00	0.06	10~958
钼沉积滩尾矿砂	0.72~0.84	0.05~0.13	24~958
金尾矿泥	1.7	0.35	144~4788
铅-锌尾矿泥	0.72~1.2	0.10~0.25	48~575
细煤粉碴	0.6~1.0	0.06~0.27	
磷酸盐尾矿泥	>20	3.0	5~77
铝矾土尾矿泥	1.6~1.8	0.26~0.35	48~958
石膏尾矿	1.3	0.28	239~958

正如表 1-4 中数据所列出的，尾矿砂与尾矿泥之间的差异是影响压缩指数的最基本因素，尾矿砂的压缩指数一般变化范围为 0.05~0.10，而大多数低塑性的尾矿泥的压缩指数一般变化范围为 0.20~0.30，后者高于前者 3~4 倍。另一重要因素是尾矿砂和尾矿泥在沉积层中的密度或孔隙比，初始状态越疏松或越软弱，在荷载作用下压缩越大。

1.4.5　尾矿的抗剪强度特性

为坝体稳定性分析，普遍采用三轴剪切试验，在改变排水条件下测定材料的强度特性。最基本试验方法有固结排水（CD）和固结不排水（CU）试验。开始时，两者都要把试样固结到固结应力，其相当于剪切之前坝体（或基础）中某一点的初始有效应力。固结之后，或者按排水条件剪切试样，迫使剪切过程产生的全部孔隙压力充分消散；或者按不排水条件剪切试样，阻止剪切过程产生的孔隙压力消散。不同排水条件的试验得到不同的强度包线，应用于不同的孔隙压力环境。

复习思考题

1-1 尾矿的定义？

1-2 尾矿的分类？

1-3 尾矿的工程性质包括哪几方面？

2 尾 矿 浓 缩

2.1 浓 缩 设 备

浓缩设备在选矿厂一般用于过滤之前的精矿浓缩和尾矿脱水。

浓缩机主要由圆形浓缩池和耙式刮泥机两大部分组成，浓缩池里悬浮于矿浆中的固体颗粒在重力作用下沉降，上部则成为澄清水，使固液得以分离。沉积于浓缩池底部的矿泥由耙式刮泥机连续地刮集到池底中心排矿口排出，而澄清水则由浓缩池上沿溢出。

常用的浓缩设备有中心传动式和周边传动式浓缩机，周边传动式浓缩机又分为辊轮传动式和齿条传动式两类。

在选择浓缩机时，一般应根据给料量、给料的粒度组成、物料沉降速度、给料及排料的固液比、矿浆及泡沫的黏度、浮选药剂和絮凝剂的类型、矿浆温度等因素来确定其规格和类型。一般选型原则是：

（1）给料量较小时一般选用中心传动式浓缩机，给料量较大时则选用周边传动式浓缩机，物料密度小可用辊轮式，反之以齿条式为宜；

（2）在厂地小和寒冷地区浓缩机设于室内时，可选用高效浓缩机，但要考虑到絮凝剂的使用效果及其对下段工序的影响；

（3）既要满足下段作业对精矿或中矿含水量的要求，又要严格控制和减少随溢流流失的金属量及溢流水的浊度；

（4）应尽量通过生产性试验或模拟试验来确定所需浓缩机面积，并据此选用合适的浓缩机；

（5）在准确掌握被浓缩矿浆特性的情况下，可参照处理类似矿石选矿厂的生产指标选用相应的浓缩机。

目前，我国生产浓缩设备的主导厂是沈阳矿山机械厂（以下简称沈矿），主要生产厂家有辽宁重型机械厂、淮南矿山机械厂、淮北市中芬矿山机器有限公司等。

2.1.1 中心传动式浓缩机

目前，我国生产的中心传动式浓缩机的规格都比较小，直径一般在 20m 以下。直径在 12m 以下者，一般采用手动提耙方式，而直径在 12m 以上者，一般采用自动提耙方式。为了处理有腐蚀性的料浆，还有防腐蚀型的浓缩机；为了提高处理能力，也有装倾斜板的浓缩机。1991 年，沈矿与国外合作制造了 φ38m 浓缩机及 φ42m 中心传动钢索牵引双耙架浓缩机。现以沈矿生产的 NZ-20Q 型中心传动式浓缩机为例，介绍这类浓缩机的一般结构（见图 2-1）。中心传动式浓缩机主要由浓缩池、耙架、传动装置、耙架提升装置、给料装置、卸料装置和信号安全装置等组成。

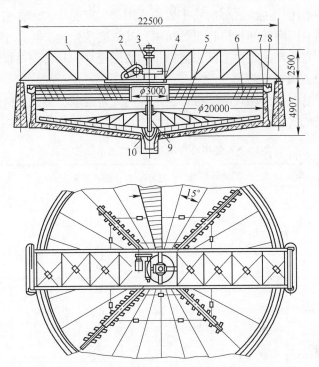

图 2-1　NZ-20Q 型中心传动式浓缩机结构（沈矿）
1—桁架；2—传动装置；3—耙架提升装置；4—受料筒；5—耙架；6—倾斜板；
7—浓缩池；8—环形溢流槽；9—竖轴；10—卸料斗

　　圆柱形浓缩池 7 用水泥或钢板（规格小者）制成，池底稍呈圆锥形或是平的。在池底中心有一个排出浓缩产品的卸料斗 10，池子上部周边设有环形溢流槽 8。在浓缩池中心安有一根竖轴 9，轴的末端固定有一个十字形耙架 5，耙架下面装有刮板。耙架与水平面成 8°～15°。竖轴由固定在桁架 1 上的电动机经圆柱齿轮减速器、中间齿轮和涡轮减速器带动旋转。当竖轴旋转时，矿浆沿着桁架上的给矿槽流入池中心的受料筒 4，并向浓缩池的四周流动。矿浆中的固体颗粒渐渐沉降到浓缩池的底部，并由耙架下面的刮板刮入池中心的卸料斗，用砂泵排出。上面澄清的水层从池上部的环形溢流槽 8 流出。

为提高浓缩效率，在浓缩池的澄清区下部，沿池的周围装有倾斜板6。装设倾斜板后，矿浆流便沿倾斜板的空间向斜上方运动，固体颗粒在两块斜板之间垂直沉降，使沉降路程缩短，时间减少，沉降到倾斜板上的微细颗粒团聚在一起，沿倾斜板向下滑，沉降速度加快。装设倾斜板还增大了浓缩机的自然沉降面积。

在作业过程中应注意排料浓度。在浓缩机过负荷或物料过浓缩情况下，会使卸料斗淤塞和耙架扭曲。为防止这种现象，设有信号安全装置和耙架提升装置。

浓缩机一般用作过滤之前的精矿浓缩或用作尾矿脱水。用作精矿浓缩的浓缩机，它的产品是由底部卸料口排出的精矿，其浓度指标为75%以下。用作尾矿脱水的浓缩机，它的产品是由上部溢流槽排出的溢流水，其含固量指标小于0.5%，而排泥指标为20%~30%。

沈矿生产的中心传动式浓缩机曾经是国内规格最多、型式最齐全的，有手动提耙和自动提耙式、有防腐型和加倾斜板的，其技术参数列于表2-1。

表2-1　NZ 型中心传动式浓缩机技术性能（沈矿）

型号	浓缩池/m		沉淀面积/m^2		耙架每转时间/min	提耙高度/mm	生产能力/t·d^{-1}	电动机功率/kW	
	直径	深度	A	B				传动	提升
NZS-1	1.8	1.8	2.54		2	0.16	5.6	1.1	
NZS-3	3.6	1.8	10.2		2.5	0.35	22.4	1.1	
NZS-6	6	3	28.3		3.7	0.2	62	1.1	
NZSF-6	6	3	28.3		3.7	0.2	62	1.1	
NZS-9	9	3	63.6		4.34	0.35	140	3	
NZ-9	9	3	63.6		4.34	0.25	140	3	0.8
	9	4.15	63.6		4.37	0.25	160	3	0.8
NZS-9	9	3	63.6		4.34	0.25	140	3	0.8
NZS-12	12	3.5	113		5.28	0.25	250	3	
	12	3.5	113		5.28	0.25	250	3	
	12	4	113		5.28	0.25	250	3	
NZF-12Q	12	3.5	113	244	5.26	0.25	180	3	
	12	3.5	113	244	21	0.25	180	1.1	
NZ-15	15	4.4	176		10.4	0.4	350	5.2	2.2
NZF-15Q	15	4.4	176	800	10.4	0.2	800	5.2	2.2
NZ-20	20	4.4	314		10.4	0.4	960	5.2	2.2
	20	4.4	314	1400	14.7	0.4	1440	5.2	2.2

续表 2-1

型号	浓缩池/m		沉淀面积/m²		耙架每转时间/min	提耙高度/mm	生产能力/t·d⁻¹	电动机功率/kW	
	直径	深度	A	B				传动	提升
NZ-20Q	20	4.4	314	1400	10.4	0.4	1440	5.2	2.2
	20	4.4	314	1400	61.97	0.4	1440	5.2	2.2
	20	4.2	314	1400	10.4	0.4	1440	5.2	2.2
NZ-45	45	4.64	1590		20		515	5.2	

2.1.2 周边传动式浓缩机

我国生产的周边传动式浓缩机系列，一般直径为 15~53m，1991 年由沈矿生产出 φ100m 浓缩机，至此填补了我国无大型浓缩机这一空白。周边传动式浓缩机一般又分为辊轮传动式和齿条传动式两类。但是，辊轮传动式的缺点是附着系数低、容易打滑、传递转矩受限；齿条传动式的缺点则是结构笨重、钢材耗量大、安装维修费用高。为此，沈矿于 1987 年研制出 NJ-38 型充气胶轮传动浓缩机，并且采用了国内外都极为少见的用于周边传动式浓缩机的自动提耙装置，国内首次采用的这种装置结构简单、易于制造、工作可靠，能够在过载时自动提起耙架以达到自行保护的目的。

周边传动式浓缩机（见图 2-2）的浓缩池一般由混凝土制成，其中心有一个钢筋混凝土支柱，耙架的一端借助于特殊的轴承置于中心支柱上，其另一端与传动小车相连接，并由小车上的辊轮支承在沿浓缩池圆周敷设的钢轨轨道上。该辊轮由固定在传动小车上的电动机经减速器、齿轮齿条传动装置驱动，使其在轨道上滚动，带动耙架回转以刮集沉淀物。

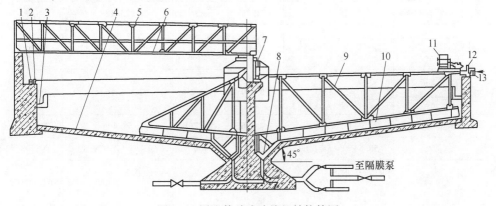

图 2-2 周边传动式浓缩机结构简图

1—齿条；2—轨道；3—溢流槽；4—浓缩池；5—托架；6—给料槽；7—集电装置；8—卸料口；
9—耙架；10—刮板；11—传动小车；12—辊轮；13—齿轮

　　为了给电动机供电，在中心支柱上装有环形接点，而沿环滑动的集电接点则与耙架相连，并由敷设在耙架上的电缆将电流从这些接点引入电动机。

　　当浓缩机为辊轮传动式时，如果刮板阻力超过一定限度或者冬季轨道上结冰，则会导致辊轮打滑、耙架停转，因此可以不要特殊的安全装置。但是，这种浓缩机不适合处理量大及浓缩产品浓度过高的情况。在这种情况下，用齿条传动式较为可靠，其浓缩池壁周边上与轨道并列着固定齿条，小车上的减速器的齿轮与齿条啮合，推动耙架前进，这种浓缩机常用热继电器保护电动机。国内已经研究并开始采用自动提耙装置作为安全措施。

　　图 2-2 所示为齿条传动式浓缩机，若不带齿条和齿轮，则为辊轮传动式浓缩机。

　　周边传动式浓缩机规格较大，适用于处理量较大的场合，主要用于选矿厂精矿的浓缩和尾矿的脱水。沈矿是国内研制和生产周边传动式浓缩机的最主要厂家，规格多、型式齐全、质量可靠，该厂生产的周边传动式浓缩机有辊轮传动式、齿条传动式、胶轮传动式及精矿专用，其技术参数列于表 2-2（NT 表示周边齿条传动，J 表示精矿用）。

表 2-2　部分周边传动式浓缩机技术参数（沈矿）

型号	NT-45	NTJ-45	NT-50	NTJ-50	NT-53	NTJ-53	NT-100
规格/m	φ45		φ50		φ53		φ100
浓缩池　内直径/m	45		50		53		100
浓缩池　池深/m	5.06		5.05	4.503	5.07		5.65
浓缩池　斜度/(°)	7.30						
沉淀面积/m²	1590		1964		2202		7846
耙架每转时间/min	19.3		21.7	20	23.18		43
处理能力/t·d⁻¹	2400	4300	3000	固体363t/h 水980m³/h	3400	6250	3030
辊轮轨道中心圆直径/m	45.383		51.779	50.2	55.16		100.5
齿条中心圆直径/m	45.629		52.025	50.439	55.406		100.77
总重/t	58.64	71.69	65.92	109	69.41	79.80	198.08
减速器	SKH500-Ⅱ-47	L75-17-I	SKH500-Ⅱ-47	专用	SKH500-Ⅱ-47	ZL75-17-I	NGW102-18
减速器型号	Y160L-6	Y180L-6	Y160L-6	Y180L-6	Y160L-6	Y180L-6	Y180L-6

2.1.3 高效浓缩机及其他浓缩设备

2.1.3.1 高效浓缩机

高效浓缩机是国外 20 世纪 70 年代研制成功并应用于工业生产的新型浓缩设备，我国则在 20 世纪 80 年代首先由马院研制和生产高效浓缩机，随后中国有色金属研究院、唐山分院、平顶山选煤设计研究院（以下简称平顶山选设院）和沈矿等也研制和生产了高效浓缩机。

高效浓缩机的结构与中心传动式浓缩机相似，其主要特点是在待浓缩的矿浆中添加一定量的絮凝剂，使矿浆中的矿粒形成絮团，加快其沉降速度，进而达到提高浓缩效率的目的。但是，需添加絮凝剂这一特点也限制了它的应用范围。

高效浓缩机得到了进一步改进，规格也不断扩大，如马鞍山矿山研究院天源科技机械厂生产的高效浓缩机，现已形成系列产品，规格多、质量好、技术先进，可广泛应用于冶金、矿山、煤炭、化工、建材、环保等部门矿泥、废水、废渣的处理，对提高回水利用率和底流输送浓度以及保护环境具有重要意义。

马鞍山矿山研究院天源科技机械厂生产的 GX 型高效浓缩机系统如图 2-3 所示，包括主机、絮凝剂配制与添加、自动控制等部分。除主机结构合理外，其自动控制系统也相当先进。自动控制系统的作用，一是对有关工艺参数进行连续、准确的检测，二是对影响技术指标的某些工艺参数（如底流浓度、溢流浊度、絮凝剂浓度、絮凝矿浆界面高度等）进行稳定化控制。

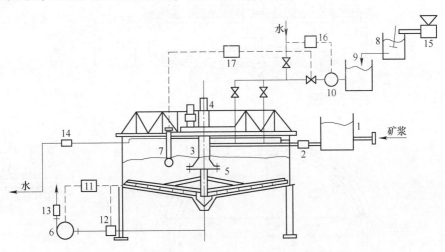

图 2-3　GX 型高效浓缩机系统

1—消气装置；2—流量计；3—混合装置；4—中心驱动装置；5—耙架；6—底流泵；
7—界面计；8—絮凝剂补充槽；9—絮凝剂储槽；10—给药计量泵；11—底流浓度控制系统；
12—浓度计；13—底流流量计；14—浊度计；15—加药机；16—稀释水控制系统；17—絮凝剂控制系统

该厂生产的高效浓缩机具有下列特点：

（1）底流浓度高。用于料浆处理，沉砂质量浓度可达40%以上。

（2）处理能力大，占地面积小。处理相同体积和浓度的料浆所需沉降面积仅为普通浓缩机的20%左右。

（3）溢流水质好。溢流水悬浮物含量小于500mg/L，可作为循环用水。

（4）可根据用户需要配备自动检测与控制系统。

该厂生产的GX系列高效浓缩机及其主要技术参数见表2-3，外形如图2-4所示。

表 2-3　GX 型高效浓缩机主要技术参数

型号	浓缩池内直径/mm	浓缩池深度/mm	沉降面积/m²	处理能力/m³·L⁻¹	主电动机功率/kW	提耙高度/mm	耙子转速/r·min⁻¹	池体形式
GX-2.5	2500	1730	4.9	15~20	0.75	300	1.68	
GX-3.6	3600	1980	10.0	30~40	0.75	200	1.10	钢板池
GX-5.18	5180	2380	21.0	60~80	1.50	300	0.80	
GX-9	9000	3000	63.0	180~240	3.00	400	0.47	水泥池
GX-12	12000	3600	110.0	250~350	4.00	400	0.30	

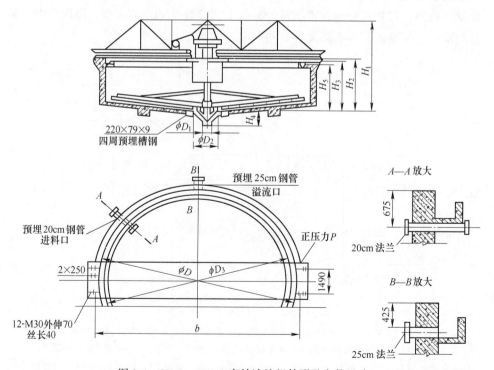

图 2-4　GX-9、GX-12 高效浓缩机外形及安装尺寸

2.1.3.2 斜板浓缩机

淮南矿山机械厂生产的 ZQN 型箱式倾斜板浓缩机是在消化国外先进技术基础上自主开发的新产品，主要用于细粒煤泥和浮选尾矿的澄清、浓缩，也可用于其他行业处理含有固体微粒的各种矿浆。其结构特点如下：

（1）体积小，沉降面积大，处理量大。其占地面积仅为普通浓缩机的 1/10。

（2）溢流水清，底流浓度高。

（3）采用侧边进料方式和封闭的进料道，可避免入料对矿浆澄清、浓缩过程的干扰。

（4）溢流槽水平配置、高度可调，可保证每块倾斜板通进的矿浆量一致。

（5）倾斜板长度较长，间距较小，既加大了沉降面积又保证了沉淀效果。

（6）传动系统实现了耙子的慢速转动和自动或手动提耙，结构紧凑，运行可靠。其主要技术参数见表 2-4。

表 2-4　ZQN500/55 型斜板浓缩机主要技术参数

沉淀面积 /m²	倾斜板角度 /(°)	容积 /m³	矿浆通过能力 /m³·h⁻¹	耙子转速 /r·min⁻¹	提耙速度 /mm·s⁻¹	提耙行程 /mm
500	55~65	149	400	0.29	115	300

电液推杆

型号	行程/mm	拉力/N	推力/N	拉速/mm·s⁻¹	推速/mm·s⁻¹
KYIX3000—90	300	25000	30000	15	90

2.1.3.3 深锥浓缩机

深锥浓缩机是一种浓缩设备，国外从 20 世纪 60 年代开始研制，至 20 世纪 80 年代，苏联、英国、德国等在深锥浓缩机的结构设计及自动化控制方面取得了很大进展。我国则于 1990 年由沈矿设计并生产出 NU-10 型深锥浓缩机，1992 年用于选煤厂。深锥浓缩机主要用于选煤厂浮选尾煤和煤泥的高浓度浓缩，也用于其他颗粒细、密度小的料浆的浓缩及废水处理。

深锥浓缩机的结构与普通浓缩机和高效浓缩机不同，其主要特点是池深尺寸大于池径尺寸，整体呈立式桶锥形。其工作原理是由于池体（一般由钢板围成）细长，在浓缩过程中又添加絮凝剂，便加速了物料沉降和溢流水澄清的浓缩过程。它具有较普通浓缩机占地面积少、处理能力大、自动化程度高、节电等优点。

以沈矿生产的 NU-10 型深锥浓缩机为例，其外形和结构如图 2-5 所示，主要技术参数见表 2-5。

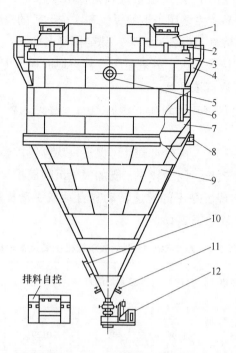

图 2-5 NU-10 型深锥浓缩机

1—给料装置；2—排气装置；3—桥架；4—外料斗；5—溢流口；6—挡板；7—受料锥；
8—机座；9—池体；10—人孔；11—事故阀；12—排料装置

表 2-5 NU-10 型深锥浓缩机主要技术参数

型号	池径/m	池深/m	沉淀面积/m²	容积/m³	处理能力/t·d⁻¹	入料含固量/g·L⁻¹	排料含固量/g·L⁻¹
NU-10	10	14.54	78	590	312~360	50~80	400~700

长沙矿冶研究院研制并生产的 HRC 型高压高效深锥浓缩机是以获得高底流浓度为目的的高效浓缩机。这种大锥角的浓缩机采用高的压缩高度以及特殊设计的搅拌装置，但由于锥角大，设备大型化困难较大，固体颗粒在沉降段和过滤段的工作过程中，采用絮凝浓缩，可大大增加固体通过量，设备可以获得大的处理量。但进入浓缩过程的压缩段，固体颗粒的沉降变成了水从浓相层中挤压出来的过程。长沙矿冶院在深锥浓缩机研究中发现，浓缩进入到压缩阶段时，普通浓缩机中浓相层是一个均匀体系，仅依靠压力将水从浓相层挤压出来是一个极为困难和缓慢的过程。研究中还发现，通过在浓相层中设置特殊设计

的搅拌装置，破坏浓相层中的平衡状态，可以在浓相层中造成低压区，并成为浓相层中水的通道，由于这一水的通道的存在，使浓缩机中的压缩过程大大加快。

据此，该院成功地研制出了新型的 HRC 型高效浓缩机——高压浓缩机，这种浓缩机具有高效浓缩机的大处理量及深锥浓缩机高底流浓度的优点。

HRC 型高效浓缩机的主要特点如下：

（1）特殊设计的搅拌装置，大锥角，高压缩设计，有利于破坏浓相层间平衡，使浓相层中产生低压区，并在浓相层中形成水通道，使浓缩机中压缩过程大大加快，浓缩效率为一般浓缩机的 4~10 倍，底流浓度最高可达到 70% 以上，平均粒径小于 3μm 的高岭土浓缩底流浓度也可以达到 40%。

（2）设备运行稳定，操作简单，已交付生产的设备从未发生故障，设备运行时间长。

（3）采用模块化设计，可根据用户要求采用不同的浓缩工艺（自然浓缩、絮凝浓缩、倾斜板浓缩等），采用自动控制或手动控制等。

（4）节能，现使用的 $D25m$ 高压浓缩机驱动电动机仅为 7.5kW，实际运行电流仅 4~6A（额定电流为 8A）。

（5）水质可以满足国家外排水要求。其主要技术参数见表 2-6，图 2-6 所示为长沙矿冶研究院设计并投入使用的 HRC-25 型高压高效深锥浓缩机。

表 2-6　HRC 型高压高效深锥浓缩机主要技术参数

型号	浓缩池直径 /m	沉淀面积/m²		处理能力 /t·h⁻¹	电动机功率 /kW
		普通	加斜板		
HRC-3	3.0	7.1		2.5~8.0	1.1
HRC-4.5	4.5	15.9	50	5.0~15.5	1.1
HRC-6	6.0	28.3	90	7.5~25.0	2.2
HRC-9	9.0	63.5	160	13~32	3.0
HRC-12	12.0	113	300	20~50	3.0
HRC-15	15	176.6	500	30~80	5.5
HRC-25	25	490	1200	50~120	7.5

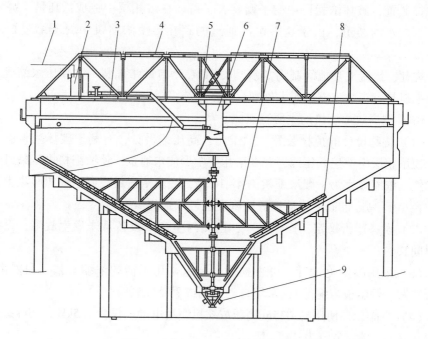

图 2-6　直径为 25m 的高压浓密机

1—药剂管；2—给料桶；3—给矿管；4—桥架；5—传动；
6—给料分散井；7—耙子；8—池体；9—底流排放口

2.2　浓缩池的计算与选择

2.2.1　所需浓缩池有效面积的确定

2.2.1.1　按生产性试验或模型试验

所需浓缩池面积，按式（2-1）计算。

$$A = K\alpha_{\max}W \qquad\qquad (2\text{-}1)$$

式中　A——所需浓缩池的有效面积，m^2；

　　　K——校正系数，对于生产性试验，可采用 1，对于模型试验，可采用
　　　　　1.05~1.20，当试验的代表性较好且准确性较高、处理矿浆的量
　　　　　与性质稳定以及选择浓缩池的直径较大时，可取小值，反之取
　　　　　大值；

　　$\alpha_{\max}$——在满足溢流水水质要求的条件下，处理每吨固体所需浓缩池面积，
　　　　　由试验确定，$m^2/(t \cdot h^{-1})$；

　　　W——尾矿固体量，t/h。

2.2.1.2 按静止沉降试验

A 试验方法

取具有代表性选矿试验流程的尾矿浆 100~200kg（固水比为 1∶4 时），经脱水和自然干燥后，将尾矿缩分，再用原矿浆澄清水配制要求浓度的矿浆试样。

a 自然沉降试验

自然沉降试验步骤及要求如下：

（1）配制 5 种以上浓度的试样，最小浓度与设计给矿浓度相当，最大浓度与自由沉降带最浓层矿浆的浓度相当（可取比设计排矿浓度稍小一点或等于排矿浓度）；

（2）取刻度相同的 1000mL（或 2000mL）量筒若干个，注入同体积、等浓度的矿浆，并充分进行搅拌；

（3）测沉降速度：从停止搅拌开始，每隔一定的时序测记澄清界面下降高度 S；

（4）测澄清水水质：测记沉降高度后，即用虹吸管吸取澄清水，测定水中悬浮固体量 M；

（5）测沉渣浓度：测记沉降高度同时，记下沉渣高度，测定其质量浓度 P 和容器重量；

（6）改变矿浆浓度，重复上述步骤试验；

（7）绘制不同浓度试样的 S-t、M-t、P-t 关系曲线（见图 2-7）。

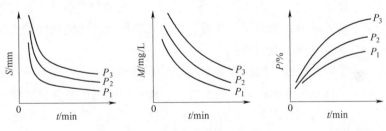

图 2-7 静止沉降试验曲线

b 混凝沉降试验

当自然沉降试验效果不好（静沉 60min 以上，澄清液中悬浮固体量仍超过设计要求）时，则应酌情进行混凝沉降试验。

选择几种常用的凝聚剂，配成浓度各为 1% 的溶液。在几个量筒中盛以等量、等浓度的矿浆，用滴定管分别注入等量不同种类的凝聚液，经充分混合后，静置观察各量筒中矿浆的沉降澄清情况。按初步对比试验结果，并根据凝聚剂的价格和货源供应情况选择一种或两种凝聚剂进一步做试验，绘出不同凝聚剂添加量时的沉降试验关系曲线。

B　计算方法

a　对于沉降曲线可由两条直线近似代替的情况

如图 2-8 所示的沉降曲线，用折线 H_0KL 代替该曲线，则 H_0K 为自由沉降过程线，KL 为压缩过程线，K 为临界点。按式（2-2）可求出尾矿的集合沉降速度。

$$u_P = \frac{H_0 - H_K}{t_K - t_0} \qquad (2\text{-}2)$$

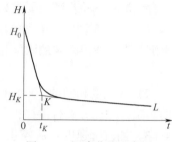

图 2-8　沉降曲线示意图

式中　u_P——矿浆浓度为 P 时的尾矿集合沉降速度，m/h；

H_0——量筒中尾矿浆的高度，m；

H_K——临界点的高度，m；

t_K——由开始沉降时刻到临界点的历时，h；

t_0——开始沉降的时刻，h。

然后按式（2-3）求出处理每吨尾矿所需的沉降面积 a_P，以其最大值 a_m 按式（2-4）计算浓缩池的面积。

$$a_P = \frac{K(R_1 - R_2)}{u_P} \qquad (2\text{-}3)$$

式中　a_P——试验矿浆浓度为 P 时，处理每吨固体所需的沉降面积，m²/(t·h)；

K——校正系数，一般采用 1.05~1.20，当试验的代表性较好且准确性较高、处理矿浆的量与性质稳定以及选择浓缩池的直径较大时，可取小值，反之取大值；

R_1——试验矿浆的水固比；

R_2——设计浓缩池排矿矿浆的水固比，此值应根据矿浆静止沉降试验资料以及参照处理类似尾矿浓缩池所能达到的正常排矿浓度确定。

$$A = a_m W \qquad (2\text{-}4)$$

式中　a_m——试验的不同浓度矿浆中，a_P 的最大值，m²/(t·h)；

A——所需浓缩池的有效面积，m²；

W——浓缩池处理尾矿量，t/h。

[例1]　已知某选厂尾矿量为 15t/h，矿浆水固比为 6：1，要求浓缩后的排矿水固比为 2：1，试求所需浓缩池的有效面积。

解：配制水固比为 6：1、4.94：1、4：1、3.51：1 及 3：1 等五种浓度的矿浆试样做静止沉降试验，分别测得尾矿的集合沉降速度 u_P。根据式（2-3）求得处理每吨固体所需的沉降面积 a_P 值，列于表 2-7。

表 2-7 处理每吨固体所需的沉降面积计算值

编号	矿浆试样水固比	$u_p/\mathrm{m} \cdot \mathrm{h}^{-1}$	$a_p/\mathrm{m}^2 \cdot (\mathrm{t} \cdot \mathrm{h})^{-1}$
1	6 : 1	0.666	7.22
2	4.94 : 1	0.36	9.81
3	4 : 1	0.27	8.9
4	3.51 : 1	0.23	7.87
5	3 : 1	0.18	6.67

注：表中 a_p 值按 $K=1.2$ 算出。

选取最大值 $a_m = 9.81\mathrm{m}^2/(\mathrm{t} \cdot \mathrm{h})$ 作为设计依据，则所需浓缩池的有效面积为：

$$A = a_P W = 9.81 \times 15 = 147\mathrm{m}^2$$

b 对于沉降曲线不能由两条直线近似代替的情况

当试验所得沉降曲线不能或不宜用折线代替时，可按下述步骤进行计算：

（1）在沉降曲线上选取几点 A_i，分别作切线交纵轴于 B_i 点（见图 2-9）。

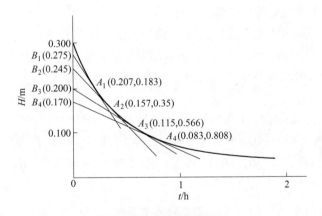

图 2-9 沉降曲线示意图

（2）按式（2-5）计算各点以下矿浆的平均浓度：

$$P_i = \frac{P_0 H_0}{H_{0i}} \tag{2-5}$$

式中 P_i——澄清界面沉降到 B_i 时，B_i 以下矿浆的平均浓度；

P_0——试验矿浆的浓度，应取浓缩池给矿矿浆的浓度；

H_0——量筒中矿浆面的高度，m；

H_{0i}——纵轴上 B_i 点的高度，m。

（3）按式（2-6）计算沉降曲线上所选各点的沉降速度：

$$u_i = \frac{H_{0i} - H_i}{t_i}$$ （2-6）

式中　u_i——沉降曲线上所选各点的沉降速度，m/h；

　　　H_i——上述各点的高度，m；

　　　t_i——上述各点的沉降时间，h。

（4）按公式（2-7）计算沉降曲线上所选各点的比面积：

$$a_i = \frac{1}{u_i}\left(\frac{1}{P_i} - \frac{1}{P}\right)$$ （2-7）

式中　a_i——沉降曲线上所选各点所需的浓缩池比面积，m²/(t·h)；

　　　P_i——试验矿浆的澄清界面沉降到 i 点时，i 点以下平均单位体积矿浆中含固体质量，t/m³；

　　　P——设计浓缩池排矿浓度。

（5）按式（2-8）计算浓缩池面积：

$$A = Ka_m W$$ （2-8）

式中　A——所需浓缩池的有效面积，m²；

　　　W——浓缩池处理尾矿量，t/h；

　　　a_m——沉降曲线上所选各点的 a_i 值最大值，m²/(t·h)。

[例2]　已知条件同 [例1]，试验测得尾矿浆浓度为14.3%（水固比6∶1）时的沉降曲线如图2-9所示。试计算浓缩池面积。

解：

在曲线上选取 A_1（0.207，0.183）、A_2（0.157，0.35）、A_3（0.115，0.566）、A_4（0.083，0.808）点，分别作切线交纵轴于 B_1（0.275）、B_2（0.245）、B_3（0.20）、B_4（0.17）点，并已知 $P_0 = 14.3\%$，$H_0 = 0.3\text{m}$，$1/P = 1/0.33 = 3$，列表计算（见表2-8）。

表2-8　a_i 计算表

点号	H_{0i}/m	P_i	H_i/m	$H_{0i}-H_i$/m	t_i/h	u_i/m·h⁻¹	$1/P_i$	$1/P_i-1/P$	a_i/m²(t·h)⁻¹
A_1	0.275	0.155	0.207	0.068	0.183	0.372	6.46	3.46	9.3
A_2	0.245	0.174	0.157	0.088	0.35	0.252	5.73	2.73	10.8
A_3	0.20	0.213	0.115	0.085	0.566	0.15	4.7	1.7	11.3
A_4	0.17	0.25	0.083	0.087	0.808	0.108	4.0	1	9.25

取 a_i 值的最大值 $a_m = 11.3\text{m}^2 \cdot \text{h/t}$ 计算浓缩池有效面积：

$$A = Ka_m W = 1.2 \times 11.3 \times 15 = 203 \ (\text{m}^2)$$

2.2.1.3 理论计算法

当无条件进行试验时，则需借助理论计算确定浓缩池所需面积。

$$A = \frac{KQ_y}{u} \tag{2-9}$$

式中　A——所需浓缩池的有效面积，m^2；

　　　K——校正系数，一般采用 1.05 ~ 1.2。当选用浓缩池直径较大时取小值，反之取大值；

　　　Q_y——浓缩池的溢流水量，m^3/h；

　　　u——浓缩池应截留的最小颗粒粒径（或溢流临界粒径）的沉降速度，m/h。

根据工艺对回水水量和水质的要求，求出浓缩池溢流固体颗粒数量在尾矿中所占的比率 α（考虑浓缩池的分级效率），然后从尾矿颗粒组成曲线上查得该颗粒的粒径。

α 值可近似地按式（2-10）计算：

$$\alpha = \frac{PQ_y(1 - \eta K)}{W\eta K} \tag{2-10}$$

式中　α——浓缩池溢流固体颗粒数量在尾矿中所占的比率，%；

　　　P——回水最大允许浓度，%；

　　　η——浓缩池的分级效率，计算时可取 0.4 ~ 0.6，溢流固体颗粒中细粒级多取大值，反之取小值；

　　　K——系数，$K = Q_y/Q_z$；

　　　Q_z——进入浓缩池矿浆中的含水量，m^3/h；

　　　Q_y——浓缩池的溢流水量，m^3/h。

2.2.2　浓缩池高度的确定

浓缩池中心部分的高度 H，按式（2-11）确定（有关尺寸见图 2-10 和图 2-11）。

$$H = h_c + h_z + h_p + h_n \tag{2-11}$$

式中　H——浓缩池中心部分的高度，m；

　　　h_c——澄清带的高度，约为 0.3 ~ 0.6m；

　　　h_z——自由沉降带的高度，m；

　　　h_p——耙子运动带的高度，m，

$$h_p = \frac{D}{Z}\tan\alpha \tag{2-12}$$

　　　D——浓缩池的直径，m；

α——浓缩池池底倾角，（°）；

h_n——浓缩带的高度，m。

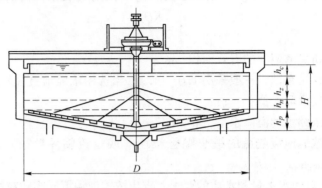

图 2-10　中心传动式浓缩池示意图

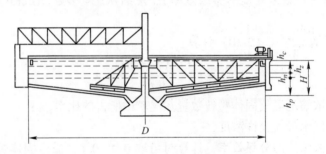

图 2-11　周边传动式浓缩池示意图

浓缩带高度可按式（2-13）或式（2-14）确定。

$$h_n = \frac{W_z(\gamma_g - 1)t}{(\gamma_k - 1)\gamma_g A} \tag{2-13}$$

式中　W_z——进入浓缩池的固体量，t/h；

　　　γ_g——尾矿的密度，g/cm^3；

　　　　t——矿浆在浓缩带内的停留时间，h，根据静止沉降试验资料确定：对
于澄清界面清晰的砂质尾矿，即为矿浆压缩至设计排矿浓度所需的
时间与矿浆沉降至临界点的时间之差，对于澄清界面不清的泥质尾
矿，则为矿浆压缩至设计排矿浓度所需的时间与矿浆沉降至开始出
现沉渣面的时间之差；

　　　γ_k——浓缩池底部排出矿浆的密度，g/cm^3，根据矿浆沉降试验资料，并
参考处理类似尾矿浓缩池所能达到的正常排矿浓度确定；

　　　　A——浓缩油的面积，m^2。

$$h_n = \frac{W_p(\gamma_g - 1)t_p}{(\gamma_k - 1)\gamma_g A} \tag{2-14}$$

$$W_p = W_z - K(W_z + W_y) \tag{2-15}$$

$$K = \frac{Q_p}{Q_z} \tag{2-16}$$

$$t_p = \frac{nt_0}{d_n^2 - d_0^2}\left[\frac{1}{6}(d_1^2 - d_0^2)(n+1)(2n+1) + \frac{1}{3}(d_2^2 - 3d_1^2 + 2d_0^2)(n^2 - 1)\right]$$

$$\tag{2-17}$$

式中　W_p——须经耙泥设备刮至池中心并排出池外的沉积物量，t/h；

$\quad\quad K$——系数；

$\quad\quad Q_p$——浓缩池底部排矿的含水量，m^2/h；

$\quad\quad Q_z$——进入浓缩池的矿浆含水量，m^2/h；

$\quad\quad W_y$——浓缩池溢流水中的固体含量，t/h；

$\quad\quad t_p$——沉积物在池内的平均停留时间，h；

$\quad\quad n$——浓缩机的刮板层数；

$\quad\quad t_0$——浓缩机耙架每转时间，min；

$\quad\quad d_n$——浓缩机最外一层刮板的作用直径，m；

d_1，d_2——浓缩机最里一、二层刮板的作用直径，m；

$\quad\quad d_0$——浓缩机中心给矿筒的直径，m。

对于标准规格的浓缩池，其浓缩带的计算高度 h_n，应满足式（2-18）的要求。

$$h_n \leqslant H - (h_c + h_z + h_p) \tag{2-18}$$

一般 $h_c + h_z = 0.8 \sim 1.0$m。

当计算的 h_n 值不能满足式（2-17）的要求时，则应增加浓缩池的面积。

2.2.3　浓缩池的选择

浓缩池的规格，应按定型产品进行选择，使其有效面积、池深以及耙泥设备的荷载能力均应满足设计要求。

浓缩池的个数，应考虑与选矿系列相配合，一般不宜少于两个。当采用两个或多个浓缩池时，其型号与规格应力求一致。

选定浓缩池的总面积，应满足下式：

$$A_z \geqslant A + A_j \tag{2-19}$$

式中　A_z——选定浓缩池的总面积，m；

$\quad\quad A$——所需浓缩池的有效面积，m；

$\quad\quad A_j$——其他面积，m^2，如中心柱断面积以及溢流槽表面积（溢流槽在池内时）。

2.3　浓缩池的构造与配置

2.3.1　给矿

给矿有上部给矿及下部给矿两种方式。目前国内除大型浓缩池（直径100m及个别53m）采用下部给矿外，一般均为上部给矿。

2.3.1.1　上部给矿

给矿管、槽敷设在浓缩池上部的栈桥上。矿浆由上部经中心给矿筒进入池内。此种给矿方式的优点是管、槽及设备维修方便，但需设置跨度较大的栈桥，造价较高（直径30m及以下的浓缩机随设备供应给矿栈桥）。

给矿管、槽宜布置在栈桥一侧，另一侧为人行通道，其宽度一般不应小于0.5~0.7m。在进入浓缩池的来矿流槽上，应设置格栅。

2.3.1.2　下部给矿

给矿管道敷设在浓缩池底部通廊内，并经由中心柱内部及给矿筒将矿浆送入池内。

此种给矿方式的优点是省去跨度较大的栈桥；缺点是通过中心柱内部的给矿管道磨损后不易检修与更换，中心柱上部的设备部件维修不便。

2.3.2　排矿

2.3.2.1　排矿口

浓缩池底部的排矿口可采用两个或四个。其配置有单侧式（见图2-12）及环形（见图2-13）两种。为便于操作维修及节省通廊造价，宜采用单侧式。

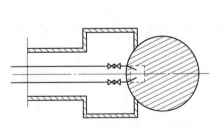
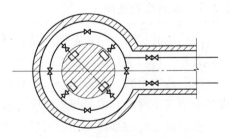

图2-12　单侧排矿口布置示意图　　　　图2-13　环形排矿口布置示意图

2.3.2.2　排矿管、槽

浓缩池底部通廊内的排矿管道，一般不少于两条，其中一条工作，一条备用；自流明槽可根据输送尾矿的特性、流槽材质及长度等因素决定是否设置备用。

排矿管道一般应有不小于 0.01 的坡度，披向砂泵站。

排矿管（槽）的断面及流槽的坡度，均应经计算确定。砂泵型号与性能的选择，应与浓缩池的排矿能力相适应。

2.3.3 底部通廊

底部通廊可与砂泵站直接连通或相互隔开。为便于操作与维修，采用直接连通方式较好。通廊主要尺寸见图 2-14 和表 2-9。

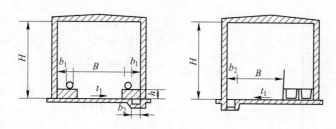

图 2-14 通廊断面示意图

表 2-9 通廊最小尺寸

通廊高度/m	H	1.8~2.0
	h	0.25~0.35
通廊宽度/m	B	≥0.5
	b_1	>0.2
地坪坡度	横向 i_1	>0.01
	纵向 i_2	>0.01
排水地沟	宽度 b_2/m	≥0.2
	坡度 i	≥0.02

通廊内应设照明，照明电压应采用安全电压。是否设通风装置应视通廊长度和配置情况确定。

2.3.4 冲洗水管

在排矿管道可能发生尾矿沉积的地点（如排矿口、排矿闸阀以及死水管段等处），应设置冲洗水管。

对于未设事故池的浓缩池，为了冲洗池内事故积矿，在附近地面上，也应设置事故冲洗水管。

冲洗水压一般不应低于 2~3kg/cm，冲洗水量应不小于输送矿浆的临界流量。

2.3.5　溢流

2.3.5.1　溢流堰

溢流堰的型式及计算见表 2-10 和表 2-11。

表 2-10　溢流堰的型式及计算

型　式	优缺点	计算公式	符号说明
薄壁堰	堰板高程可调，出水均匀，但施工较复杂	$Q = mB\sqrt{2g}H^{1.5}$ $m = \left[0.405 + \dfrac{0.0027}{H}\right]$ $\left[1 + 0.55\left(\dfrac{H}{H+P_1}\right)^2\right]$	Q——溢流水量，m^3/s； m——流量系数； B——堰长，m； g——重力加速度，为 $9.81m/s^2$； H——堰上水头，m； P_1——堰高，m；
宽顶堰	施工方便，管理简单，但出水不易均匀	$Q = m_1 B\sqrt{2g}H^{1.5}$	m_1——流量系数，取 $m_1 = 0.4$； q——每个三角堰的溢流水量，m^3/s； N——堰的数量； a——孔口高度，m； q_1——通过每个孔口的溢流水量，m^3/s；
三角堰（直角）　$\alpha=90°$	出水较均匀，但施工较复杂	$q = 1.343H^{2.47}$ $N = \dfrac{Q}{q}$	μ——流量系数，取 $\mu = 0.62$； b——孔口宽度，m； h——孔口作用水头，m；
三角堰（直角）　$\alpha=90°$	冬季池表面有冰盖时仍可继续工作，但施工较复杂，且限于施工等原因，往往不易保证出水均匀	$a = \dfrac{q_1}{\mu b\sqrt{2gh}}$ $h = h_1 - h_2$	h_1——浓缩池水面标高，m； h_2——孔口下游水面标高，m

表 2-11　流量系数 m 值

堰上水头 /m	堰壁高度 P_1/m									
	0.2	0.3	0.4	0.5	0.6	0.8	1.0	1.5	2.0	2.5
0.05	0.469	0.464	0.462	0.461	0.461	0.46	0.46	0.459	0.459	0.459
0.06	0.463	0.457	0.454	0.453	0.452	0.451	0.451	0.45	0.45	0.45
0.08	0.458	0.449	0.446	0.443	0.442	0.441	0.44	0.439	0.439	0.439
0.1	0.458	0.447	0.442	0.439	0.437	0.435	0.434	0.433	0.433	0.432
0.12	0.461	0.447	0.44	0.436	0.434	0.432	0.43	0.429	0.428	0.428
0.14	0.464	0.448	0.44	0.436	0.433	0.43	0.428	0.426	0.425	0.424
0.16	0.468	0.45	0.441	0.436	0.432	0.428	0.426	0.424	0.423	0.422
0.18	0.472	0.453	0.442	0.436	0.432	0.428	0.425	0.423	0.422	0.42
0.2	0.476	0.455	0.444	0.437	0.433	0.428	0.425	0.422	0.42	0.419

2.3.5.2　溢流槽

A　槽底有坡度的溢流槽计算

为确定槽内各段水深，通常将溢流槽全长分为 n 个计算段（每段长度 h）按式（2-20）近似求解。

$$\Delta h = h_1 - h_2 = \frac{v_2^2 - v_1^2}{2g} + h_0 \qquad (2\text{-}20)$$

式中　Δh——溢流槽计算段始末端水位差，m；

h_1——计算段始点水深，m；

h_2——计算段终点水深，m；

v_1——计算段终点流速，m/s；

v_2——计算段始点流速，m/s；

h_0——计算段的水头损失，m，

$$h_0 = \frac{v_p^2 l_0}{C_p^2 R_p} \qquad (2\text{-}21)$$

v_p——计算段平均流速，m/s，

$$v_p = \frac{v_1 + v_2}{2} \qquad (2\text{-}22)$$

l_0——计算段长度，m；

C_p——计算段谢才系数；

R_p——计算段平均水力半径，m，

$$R_p = \frac{R_1 + R_2}{2} \tag{2-23}$$

R_1——计算段始点水力半径，m；

R_2——计算段终点水力半径，m。

全部计算可列表进行，根据计算可得出溢流槽出口处的水深及各段水深。

B　溢流槽的简化计算

适用于直径较小的浓缩池，溢流槽槽底有无坡度均可采用。溢流槽简化计算见表2-12。不同槽的进水能力见表2-13。

表 2-12　溢流槽简化计算法

计算步骤	计算公式	设计数据及符号说明
1. 确定溢流槽的宽度	$B = 0.9(Q/2)^{0.4}$	B——溢流槽的宽度，m；
2. 溢流槽的起点水深	$h_{qc} = 0.75B$	Q——浓缩池的溢流水量，m/s；
3. 溢流槽的起点槽深	$h_q = h_{qc} + h_a$	h_{qc}——溢流槽的起点槽深，m；
4. 溢流槽的终点水深	$h_{qc} = 1.25B$	h_q——溢流槽的安全超高，m；
5. 溢流槽的终点槽深	$h_z = h_{qc} + h_a$	h_a——溢流槽的终点水深，m；
6. 溢流槽底的坡度	$i = 2(h_{zc} - h_{qc})/3.14D$	h_z——溢流槽的终点槽深，m； i——溢流槽底的坡度； D——浓缩池溢流槽中心的直径，m

表 2-13　不同槽宽的过水能力

槽宽/m	流量/m³·s⁻¹	槽宽/m	流量/m³·s⁻¹	槽宽/m	流量/m³·s⁻¹
0.16	0.0133	0.24	0.0369	0.35	0.0945
0.18	0.0178	0.26	0.045	0.4	0.132
0.2	0.0240	0.28	0.054	0.45	0.177
0.22	0.03	0.3	0.064	0.5	0.23

2.3.5.3　拦污措施

溢流槽的出口处必要时应设置格栅，栅条净距可采用 20~50mm。

当进入浓缩池的矿浆中含有较多漂浮物或泡沫时，应在浓缩池内距溢流槽内沿 0.2m 左右布置一周挡板，挡板伸入水面下及露出水面上的高度，一般可取 0.1~0.2m。

2.3.6　传动及安全设施

对于冰冻地区，室外浓缩池应采用周边齿条传动方式。为确保浓缩机的运行安全可靠，在操作室内（一般不需单独设置，可附设在主厂房或泵站内），应设过负荷信号装置。对于中心传动式浓缩机，设备本身还带有手动提耙或自动提耙安全装置。

2.3.7 浓缩池的布置

浓缩池应尽量靠近选矿厂和砂泵站，布置集中紧凑，使管线短、操作管理方便。布置型式应视尾矿特性、浓缩池台数及厂区地形条件合理选定（见表2-14及图2-15）。

表 2-14　浓缩池的布置型式

型　式	适用条件	优缺点	使用厂矿
浓缩池与砂泵站直接连接（见图2-15(a)）	(1) 1~2台浓缩池的布置； (2) 厂区地形平坦	优点：(1) 布置集中紧凑，管理方便；(2) 能利用浓缩池中的水头； 缺点：当为多台布置时，所需分砂泵站的数量多、投资较大	大冶铁矿、程潮铁矿、弓长岭铁矿、大孤山铁矿、大石河铁矿、齐大山铁矿等矿
浓缩池与砂泵站直接连接（见图2-15(b)）	(1) 单台或多台浓缩池的布置； (2) 改建矿山受排矿流槽位置及标高的限制	优点：省去单建浓缩池分砂泵站的造价； 缺点：操作管理不便	南芬矿
浓缩池与砂泵站间接连接（见图2-15(c)）	(1) 多台浓缩池的布置； (2) 台阶地形； (3) 处理粗颗粒尾矿	优点：(1) 对于粗颗粒尾矿，采用流槽输送，解决耐磨问题；(2) 省去分砂泵站的造价； 缺点：不能利用浓缩池中的水	攀枝花、歪头山等矿
浓缩池与砂泵站间接连接（见图2-15(d)）	(1) 多台浓缩池的布置； (2) 地形较平坦； (3) 处理粒度较细、特性较稳定的矿浆	优点：能充分利用浓缩池中的水头排矿，省去分砂泵站的造价； 缺点：倒虹吸排矿，管理复杂	水厂矿
浓缩池的给矿及排矿均为自流（见图2-15(e)）	(1) 单台或多台浓缩池的布置； (2) 适宜的地形条件； (3) 处理粒度较细的尾矿	优点：浓缩池为下部给矿，省去栈桥钢材及投资； 缺点：维修管理不便	落雪矿

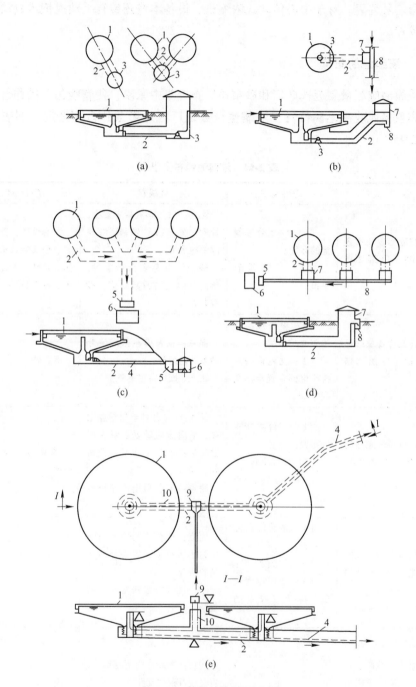

图 2-15　浓缩池布置示意图

1—浓缩池；2—底部通廊；3—分砂泵站；4—排矿流槽；5—矿浆仓；6—总砂泵站；
7—通廊入口；8—排矿总流槽；9—配矿槽；10—给矿管道

复习思考题

2-1 浓缩机的传动型式分几种？并简要说明。

2-2 普通浓缩机与高效浓缩机各有什么特点？

2-3 浓缩池有面积有几种确定方法？试简要说明。

2-4 浓缩池高度如何确定？

2-5 浓缩池的布置型式如何选定，各有什么优缺点？

2-6 简述浓缩池的构造。

3 尾矿输送

3.1 尾矿压力输送

选矿厂尾矿水力输送应结合具体情况因地制宜。如果有足够的自然高差能满足矿浆自流坡度，应选择自流输送；如果没有自然高差，可选择压力输送，如图3-1所示；如部分地段有自然高差可利用，则可选择自流和压力联合输送，如图3-2所示。

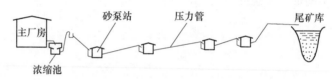

图 3-1　尾矿压力输送示意图

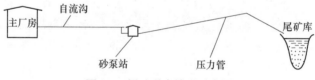

图 3-2　尾矿联合输送示意图

3.1.1　尾矿输送管线布置原则

尾矿输送管道（或流槽）线路的布置，一般应综合考虑下列原则：
（1）尽量不占或少占用农田；
（2）避免通过市区和居民区；
（3）结合砂泵站位置的选择，缩短压力管线；
（4）避免通过不良地质段、矿区崩落和洪水淹没区；
（5）便于施工和维护。

3.1.2　尾矿输送管的敷设方式

尾矿输送管的敷设方式有如下几种方式：

（1）明设。将尾矿输送管（或流槽）设置在路堤、路堑或栈桥上。其主要优点是便于检查和维护，所以一般多采用此式。但受气温影响较大，容易造成伸缩节漏矿。

（2）暗设。将尾矿输送管（或流槽）设置在地沟或隧道内。一般在厂区交通繁华处或受地形限制时，才采用这种形式。

（3）埋设。将尾矿输送管（或封闭流槽）直接埋设在地表以下。其优点是地表农田仍可耕种，同时受气温影响较小，可少设甚至不设伸缩接头，因而漏矿事故较少；缺点是一旦漏矿，检修非常麻烦。

此外，还有半埋设形式，即管道半埋于地下或沿地表敷设，其上用土简单覆盖。它也可减少气温变化的影响，甚至可不设伸缩接头。

管道敷设时尽可能成直线，弯头转角尽可能小些，转角较大的弯头尽可能圆滑些。

3.1.3 砂泵站的形式及连接方式

尾矿压力输送是借助于泵站设备运行得以实现的，因此，砂泵站在尾矿设施中占有很重要的地位。

3.1.3.1 砂泵站的形式

砂泵站有地面式和地下式两种。最常见的是地面式砂泵站，它具有建筑结构要求低，投资少，操作、检修方便等优点，因此被国内矿山广泛采用。另一种是地下式砂泵站，这种泵站是在地形及给矿等条件受到限制的情况下所采用的。地面式砂泵站一般采用矩形厂房，而地下式砂泵站往往采用圆形厂房。

3.1.3.2 砂泵站的连接方式

我国有些矿山的尾矿库往往建在距离选矿厂较远的地方，一级泵站难以将尾矿一次输送到尾矿库，因此采用多级泵站串联输送的方式，将尾矿输送到最终目的地。串联方式有直接串联和间接串联，它们的优缺点见表 3-1。

表 3-1 泵站连接方式特点

连接方式	优　点	缺　点	应用单位
直接串联	避免了提升矿仓的水头损失，充分利用砂泵扬程；省掉了矿仓的有关工程及操作	目前矿浆输送系统的安全措施尚不完善，所以发生事故的可能性多；操作管理要求严格	大孤山铁矿、水厂铁矿、锦屏磷矿、凡口铅锌矿等
间接串联	管理简单；发生事故的可能性少，易发现问题，便于处理事故	多消耗矿仓的一段水头，泵的扬程不能充分利用；多了矿仓有关工程，占地面积也相应地大些	较普遍

3.1.4　砂泵类型及其特点

尾矿压力输送常用的砂泵有离心泵（PN 泥浆泵、PH 灰渣泵、PS 砂泵、沃曼泵、渣浆泵等）和往复泵（即马尔斯泵）两类。

3.1.4.1　离心泵

离心泵主要由泵壳、叶轮、轴及轴承、泵座、吸入管和排出管组成，如图 3-3 所示。其工作原理是泵的叶轮由电机带动高速转动，在此过程中叶轮中心产生负压，浆体在大气压的作用下，源源不断地由吸入池进入叶轮中心，被压入排出管，使离心泵能连续不断地吸液排液。

离心泵的选择主要是根据需要扬送的尾矿量及所需要的总程而定的。当尾矿量有变化时，还要考虑其变化情况。选择时应尽可能以一台能扬送全部的尾矿量为原则。如有的产品不能满足尾矿量的要求时，可以选择几台同型号的泵并联同时工作，不要采用不同型号的泵进行并联使用。因为不同型号的泵在泵并联工作时各泵的性能不尽相同，运行中会相互干扰，从而降低泵的使用效率。当使用一般离心泵扬送尾矿时，扬程不能满足需要时，可以采用泵串联运行。启动时应先启动一级泵，再启动前一级泵以防止次级泵在大负荷时启动而烧毁电机，离心泵串联扬送时的剩余扬程一般为 3~5m，水柱一般不超过 10m 水柱，否则失去泵串联的意义。

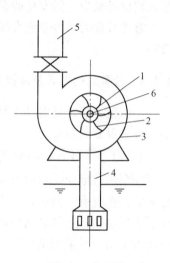

图 3-3　离心泵

1—叶轮；2—叶片；3—泵壳；
4—吸入管；5—排出管；
6—泵吸入口

在远距离输送尾矿时，一般情况下电机的负荷都很大，容易造成烧毁电机现象。目前采用较为先进的矩形联轴器镶嵌在电机的主动轮上。当负荷较大时，联轴器可自动打滑而保护电机，待电机的运转速度转到能带动泵运行时，联轴器自动与电机同时运转而使泵运转。

离心泵的给矿方式有压入式和吸入式两种。压入式给矿又有动压式和静压式之分。利用前一级泵的剩余压力向后一级泵给矿属动压式。动压式给矿方式能把前一级泵输送的剩余压头充分地利用，但要保持前后两极泵的输送流量平衡，否则，易产生气蚀而加剧配件的损耗，操作维护比较困难。由位置高于泵进口管的矿浆仓给矿属静压式。静压式给矿在操作上较为简单，便于流量的调节，但浪费剩余压头。由位置低于泵进口管的矿浆仓给矿属于吸入式给矿，由于尾矿浆中固体颗粒极易沉淀，吸入式给矿启动较困难，一般很少采用。但若受到条件的限制，必须采用吸入式给矿时，应采用真空泵或水力喷射器辅助启动。

3.1.4.2 往复泵

往复泵主要由活塞、泵缸、吸入阀、排出阀、吸入管和排出管等组成，活塞和吸入阀排出阀之间的空间称为工作室。如图 3-4 所示，往复泵的工作原理可分为吸入和排出两个过程。当活塞由原动机带动，从泵缸的左端开始向右端移动时，泵缸内工作室的容积逐渐增大，压力逐渐降低形成局部真空，这时排出阀紧闭，容器中的液体在大气的作用下，便进入吸入管并顶开吸入阀而进入工作室。当活塞移动到右顶端，工作室容积达到最大值，所以吸入液体也达到最大值，这是吸入过程。当活

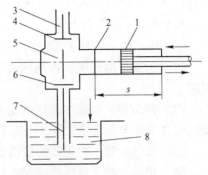

图 3-4　往复泵工作原理
1—活塞；2—泵缸；3—排出管；4—排出阀；
5—工作室；6—吸入阀；7—吸入管；8—容器

塞向左移动时，泵缸内的液体受到挤压，压力增高，将吸入阀关闭而推开排出阀，液体从排出管排出，活塞在原动机带动下这样来回往复一次，完成一个吸入过程和排出过程，称为一个工作循环。当活塞不断地做往复运动时，泵便不断输出流体。

3.1.5　尾矿自流输送

当尾矿库低于选矿厂且有足够的自然高差能满足矿浆自流坡度要求，可选择自流输送。尾矿自流输送多采用流槽的形式。必要时，也可采用管道自流输送。由于它不需动力，又易于管理和维护，被很多矿山采用。

3.1.6　输送管材及零件

3.1.6.1　输送尾矿管（槽）

输送尾矿管道在运转过程中极易磨蚀而损坏，由于线路长、质量大，一旦发生故障，对尾矿坝的安全构成很大的威胁，而且造成环境污染。为此，人们努力从工艺和设备材料两方面进行探索，并取得了很大的进展。目前，尾矿压力输送使用的管道一般有普通钢管、无缝钢管、铸铁管、内衬耐磨材料的复合管（如铸石复合管、高分子材料复合管、陶瓷复合管等）、高密度聚乙烯管等，大大地提高了管道的耐磨性能。离心泵大多使用普通钢管；高扬程泵的压力较大，可采用无缝钢管；对于颗粒较粗的尾矿，可采用内衬耐磨材料的复合管，如内衬铸石钢管、内衬陶瓷钢管、稀土耐磨铸钢管等。

管道连接方式有法兰连接、承插连接、焊接和卡箍连接等。

自流槽多用砖石砌筑，或混凝土浇筑。高架流槽可采用钢筋混凝土或钢板焊制的自承重流槽或用管材的形式。为了减轻磨损，也可在槽内壁贴砌铸石板材。

3.1.6.2 主要相关零件

输送尾矿的主要相关零件如下：

（1）闸阀。输送尾矿的闸阀宜采用耐磨专用矿浆衬胶闸阀，不宜采用清水闸阀。

（2）伸缩器。根据本地区的温差变化量及管材的线膨胀系数在管线上适当位置按技术要求安装伸缩器，以防止冬季拉断输送尾矿管道。

（3）排气装置。在管线的最高点设置排气阀，用于排出管道内聚集的气体。

（4）接口。对于承插连接方式的有石棉水泥用于打灰口，也有橡胶密封圈；对于卡箍连接的有卡箍、紧固件；对于法兰连接的有法兰、紧固件。

3.2 尾矿输送计算

3.2.1 决定尾矿水力输送设施工作的基本参数

3.2.1.1 清水和矿浆的流量的量测

清水和矿浆的流量主要是用温透里管量测的。清水和矿浆流量的大小是根据在温透里管内测得的压力差用式（3-1）求得：

$$Q_V = \alpha \varepsilon S_0 \sqrt{\frac{2\Delta p}{\rho}} \tag{3-1}$$

式中　　α——流量系数；

　　　　ε——流体膨胀校正系数（可压缩流体小于 1，不可压缩流体等于 1）；

　　　　S_0——节流装置最小处的截面积；

　　　　Δp——压差；

　　　　ρ——流体密度。

当进行实验室的试验时，系数 A 值是在当清水和矿浆流动时温透里管校正的结果中确定的。

在个别情况下，直径 1000mm 管内的流量是用事先固定在管上的奥尔洛夫-尤芬管测出的平均流速来确定的。测定管内平均流速时，做了一个假设，即此流速同清水运动一样，位于离管壁 0.223R（R 为半径）处。这一假设是基于以下事实，即密度不大的细粒物质在水力输送时，管内流速的分布大致符合于清水运动时的分布规律。

平均流速的大小可根据测得的压差 Δp 用式（3-2）求出：

$$v = k \sqrt{2gh \frac{\rho_P - \rho_B}{\rho_B}} \tag{3-2}$$

式中　k——管子系数，在管子校正的基础上取 $k = 0.91$；

ρ_B，ρ_P——分别为清水和差压计中水银的密度。

3.2.1.2　矿浆密度的量测

直径 500mm、700mm、800 mm 和 1000mm 的水平管段上的矿浆密度是根据管内矿浆流上下两点的压差来测定的。

矿浆实际密度的平均值根据管子截面按式（3-3）计算：

$$\rho_r = \frac{h(\rho_P - \rho_B) + D\rho_B}{D} \tag{3-3}$$

式中　ρ_P——差压计中工作液体的密度；

　　　D——管直径。

矿浆密度用密度法确定。试样是从直接安在泥浆泵压力管嘴旁边的一段垂直的取样管上选取的。所取试样的容积为 8~10L，知道所取试样的容积和质量后，可用式（3-4）求出矿浆密度：

$$\rho_r = \frac{P_1 - P_2}{W} \tag{3-4}$$

式中　P_1——充满的水箱重；

　　　P_2——空水箱重；

　　　W——水箱中试样的容积。

在经过矿浆池循环的装置中，矿浆密度是用标准质量容器测定的。而在闭路工作的装置中，矿浆密度是根据在给定的水力输送系统中加入的固体物质的数量来确定的。

3.2.1.3　水头损失的量测

水头损失是在直线水平管段上量测的。根据选出的压力断面，在输送管的上部钻有直径为 3~5mm 的小孔。要确定水头损失的断面间的压力差是用自动记录差压计测定的。水力坡降按式（3-5）确定：

$$I = \frac{\Delta h(\rho_P - \rho_B)}{L} \tag{3-5}$$

式中　Δh——压力差，mmHg（1mmHg = 133.3224Pa）；

　　　L——量测管段的长度，mm；

ρ_P，ρ_B——差压计中工作液和分界液的密度。

3.2.1.4　沉积层厚度及临界流速的量测

在直径 200mm、300mm、500mm、700mm、800mm 和 1000mm 的压力管中，

沉积的开始产生及其厚度大小是通过装在管壁上的透明窗口测定的。为了测定颗粒开始沉积的时间，除了布置在量测段的透明窗口以外，还可利用 2m 长的玻璃插片。透明窗口的构造是在沿着管径向外弯的金属架上镶入一片宽度不大的有机玻璃板。沉积层的厚度是根据很容易看清的沉积边界和以 1mm 为单位画在窗口壁上的刻度，用于目测记录的。

3.2.1.5　尾矿的颗粒组成

进行生产试验时，为了测定尾矿的颗粒组成，矿浆试样如上所述，是从直接装在泥浆泵压力管嘴旁边的垂直管段上选取的。该垂直管段直径为 15mm，顶点离输送管壁为 200mm。取样后再加以烘干并用孔径为 0.1 ~ 0.3mm 的一套筛子进行筛分。个别试样用孔径为 0.05mm 的筛子筛分。粒径小于 0.05mm 的尾矿的颗粒组成是用移液管法测定的。在尾矿机械分析的过程中所得到的资料的基础上，可用式（3-6）求出平均粒径：

$$d_{cp} = \frac{\sum_{i=1}^{i=n} \Delta p d_{cpi}}{100} \tag{3-6}$$

式中　Δp——压差，级配图纵坐标轴用它来划分；

　　　d_{cpi}——相应于 Δp 的平均粒径。

3.2.2　固体物质在局部沉积管内水力输送的计算方法

选矿厂水力输送设施的运行经验表明，在很多情况下压力输送管内的矿浆呈现局部沉积的流态，这种流态只有在管内平均流速（即矿浆流量与管断面面积之比）小于临界流速时才会出现。预计压力管内有局部沉积的水力输送的想法的基本原理是：（1）局部沉积在压力管中能起调节作用，即靠沉积层厚度的变化使矿浆的密度和流速保持不变；（2）沉积层能防止管道很快磨损；（3）沉积引起粗糙度的增加并形成椭圆形液流断面，从而提高了流体的紊乱程度，这对保证固体颗粒的水力输送是很必要的。

局部沉积状态的研究已进行了一系列的工作，主要还是试验工作。研究人员分析了局部沉积管内矿浆流动的情况，指出这种流动是非常复杂的，它与无沉积管内的矿浆流动有着本质上的差别。这个差别主要可解释为：在沉积管内矿浆流量的增加引起沉积层的局部冲刷，因此增加了液流断面，它又影响到流速，这样一来，矿浆流量的变化通过流速、液流断面的面积和形状的变化影响着水力阻力。尤芬基于在局部沉积管内水力输送砂子的试验资料，提出了计算水头损失的公式。

$$I = 0.0025 \frac{v_{u,3}^2}{gR \dfrac{D - h_3}{D}} \tag{3-7}$$

式中　$v_{\text{ч},3}$——当沉积厚度 $h_3 = D - h_{\text{c}}$ 时的砂浆流速；

$\qquad R$——水力半径；

$\qquad h_{\text{c}}$——管内液流断面的高度。

假如要在局部沉积管内建立临界流速，A.Π 尤芬建议用下式计算：

$$v_{\text{кP}} = 9.8 \sqrt[3]{4R}\ \sqrt[4]{W}\left(\frac{\rho_{\text{Г}}}{\rho_{\text{B}}} - 0.4\right) \tag{3-8}$$

斯摩尔德列夫没有去分析和评述前人所提出的方法，自己提出了局部沉积管水力输送的计算方法。他指出，在拟制这个方法时，利用了在局部沉积管内水力输送不同种类的物质（如煤、含有石子的砂和碎石）时所获得的定量分析资料和试验研究的成果，在上述试验研究的基础上他提出了计算水头损失的公式：

$$I_3 = I_{\text{кP}} + k_1\left(\frac{gD\sqrt[3]{C^2}}{v_{\text{ч},3}^2} \cdot \frac{h_3}{D} - k_2\right) \tag{3-9}$$

式中　$I_{\text{кP}}$——临界坡降；

$\qquad k_1$——考虑固体颗粒对管壁摩擦作用影响的系数，对各种细砂来说都等于 0.38；

$\qquad k_2$——沉积层很薄时的流动特征系数；

$\qquad C$——固体颗粒在液体中的稠度；

$\qquad v_{\text{ч},3}$——局部沉积管内的流速。

为了计算该式中的参数 $I_{\text{кP}}$ 和 $v_{\text{ч},3}$ 建议采用下列经验公式：

$$I_{\text{кP}} = (2.5 \sim 3.5)I_{\text{B}} \tag{3-10}$$

$$v_{\text{ч},3} = v_{\text{кP}}\sqrt{\cos\left(\frac{h}{D}\frac{\sqrt{gd_{\text{сP}}}}{W_{\text{к}}}\pi\right)} \tag{3-11}$$

式中　$\dfrac{\sqrt{gd_{\text{сP}}}}{W_{\text{к}}}$——颗粒在液流中重力影响的参数。

哈斯喀尔别尔格和卡尔林利用在直径 100~500mm 的局部沉积管内水力输送细砂和中砂的试验资料提出了计算水头损失的公式：

$$I_3 = I_{\text{кP}}\left(\frac{Q_{\text{кP}}}{Q_3}\right)^{0.13} \tag{3-12}$$

式中　Q_3——局部沉积管内给定的矿浆流量；

$I_{\text{кP}}$ 和 $Q_{\text{кP}}$——临界坡降和临界流量。

临界坡降按下式计算

$$I_{\text{кP}} = I_{\text{B}}\left[1 + 165C\left(\frac{v'_{\text{кP}}}{gD}\sqrt{C_\phi}\right)^{-1.4}\right] \tag{3-13}$$

式中　$v'_{\text{кP}}$——冲刷的临界流速；

C_ϕ ——各种土粒在水中自由沉降的平均阻力系数。

罗西洛夫提出用下面公式计算尾矿在局部沉积管内水力输送的水头损失：

$$I'_3 = I_\Gamma \sqrt[3]{\frac{h_3}{D} \frac{\sqrt[3]{C}}{0.0045}}$$ （3-14）

式中，I_Γ 按公式确定。

3.2.3　局部沉积管内水力坡降与流速的关系

为了解决关于在局部沉积管内水力输送尾矿时水力坡降与流速的相互关系的特性问题，需要来研究某些最简单的情况，即从临界状态向局部沉积状态的转换。根据临界流速的定义可知，在给定的管内，这个转换在下列情况下可能发生：（1）减少矿浆流量而保持它的密度和输送尾矿的粒径不变；（2）增加矿浆密度而保持它的流量和输送尾矿的粒径不变；（3）增加输送尾矿的粒径而保持矿浆流量和稠度不变。

如果输送尾矿的粒径保持不变，则可认为基本上只会出现两种最简单的临界状态和局部沉积状态的转换情况：第一种情况，矿浆流量比临界状态时减少，而其密度保持不变，并等于临界状态时的密度。由于矿浆流量的减少（从 $Q_{\text{кр}}$ 到 Q）和流速的降低，矿浆流的输送能力就减小，它又导致部分尾矿颗粒向管底沉积而形成固定的沉积层，沉积层厚度一直增加到能在新条件下保持原有密度的矿浆的颗粒呈悬浮状态流动为止。如果说，在给定的条件下，这个速度是局部沉积管的临界流速，那么在某种输送尾矿的密度和稠度下，它的数值将与矿浆流的液体断面面积成比例。可见对于给定的管来说，当其他条件相同时，局部沉积管的流速 $v_{\text{ч,3}}$ 将小于临界流速 $u_{\text{кр}}$。这样一来，当从临界状态转换为局部沉积状态时，由于矿浆流量的减少，如果密度保持不变，局部沉积状态的流速 $v_{\text{ч,3}}$ 将小于临界流速 $v_{\text{кр}}$。

现在来看看，当流速从 $v_{\text{кр}}$ 减少到 $v_{\text{ч,3}}$ 时，水力坡降比起临界状态来有什么变化？要确定这点是相当复杂的，因为流速的降低常常引起水力坡降的降低；与此同时，输送管的截面也因沉积层的形成而减小，于是又导致水力坡降的增加。所以水力坡降的变化必须分开来研究：开始时是由于速度的降低所引起的变化，而以后则是由于沉积的结果改变了液体的断面而引起的变化。这个划分相当复杂，可是这样的分析可以从本质上深入理解由临界状态转变到局部沉积状态时水力坡降变化的过程。为此，首先我们试图根据当流速比临界流速大得不多时，曲线 $I_\Gamma = j(v)$ 变化的特点，预料该曲线当流速比临界流速小得不多时的变化趋势。试验结果表明了无沉积管内当流速接近于临界流速时所得到的曲线 $I_\Gamma = j(v)$ 具有各种不同的性质，它们总的可归纳为下列三种（见图3-5）：

（1）当流速降低到接近于临界流速时，曲线 $I_\Gamma = j(v)$ 上的水力坡降基本上

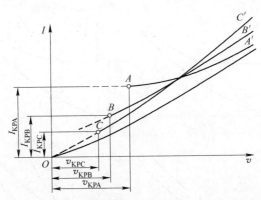

图 3-5　清水流动和矿浆流动的曲线 $I_\Gamma = j(v)$ 之间的关系

没有增加和降低（AA'），这种情况出现在中粒物质的水力输送中；

（2）细粒物质的水力输送当流速降低到接近于临界流速时，具有很大的水力坡降的迭减率（CC'）；

（3）可能还有这类曲线，它们像曲线 BB' 那样位于某个过渡的位置上，例如水力输送小于 0.074mm 的含量不少于 50% 的中粒尾矿时的曲线，就具有这种特征。

也可假设：在临界范围内，即流速比临界流速大得和小得都不多且无沉积时，就可保持曲线 $I_\Gamma = j(v)$ 的这个特征，当流速与临界流速相差不大时这是可能的。利用这些假设我们来深入研究上述三类曲线，当流速比临界流速减小 Δv 值时，水力坡降是如何变化的。在图 3-5 上的每根曲线上流速做这样的改变都会使水力坡降产生不同的增量 ΔI_v，最大值 ΔI_v，在曲线 CC'，上，最小值则在曲线 AA' 上。这里应该指出，如果在临界流速下曲线 AA'，基本上是水平的，则 $\Delta I_v = 0$。此外，由于流速降低了 Δv 开始形成沉积层，它首先使水力坡降增加某个数值 ΔI_h。

这样一来，当流速比临界流速降低了 Δv 时，一方面使水力坡降降低某个数值 ΔI_v，而另一方面又使水力坡降增加某个数值 ΔI_h。根据 ΔI_v 和 ΔI_h 之间的关系，可有下列几种情况（见图 3-6）。

（1）假定 ΔI_v 和 ΔI_h 的绝对值相等，而作用相反，则从临界状态转为局部沉积状态时，不引起水力坡降的改变。换句话说，假如 $\Delta I_v = \Delta I_h$，则局部沉积状态的水力坡降与临界状态相等。关系式 $I_{q,3} = f(v_{q,3})$ 表现为直线 AC 的形式（见图 3-6（c））。

（2）假定 $\Delta I_v > \Delta I_h$，则由于流速改变而引起的水力坡降的变化大于由于出现沉积层而引起的水力坡降的变化。因此，当从临界状态转为局部沉积状态时，水力坡降比临界状态时要低，而关系式 $I_{q,3} = f(v_{q,3})$ 可用曲线 AB 来表示（见图 3-6（e））。

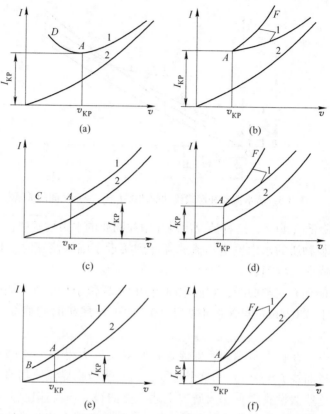

图 3-6　局部沉积管内水力坡降与流速的关系的几种可能的特性

1—矿浆；2—水

（3）假如 $\Delta I_v < \Delta I_h$，则从临界状态转为局部沉积状态时，关系式 $I_{ч,3} = f(v_{ч,3})$ 可用曲线 AD 来表示（图 3-6（a））。这样一来，水力坡降与流速的关系特点，也就是由于流量的减少而形成局部沉积状态的曲线 $I_{ч,3} = f(v_{ч,3})$ 在很大程度上取决于无沉积状态的曲线 $I_\Gamma = j(v)$ 的性质。因此，局部沉积管的关系式 $I_{ч,3} = f(v_{ч,3})$ 必须根据我们在大于临界流速时所得到的清水和矿浆流动曲线 $I_\Gamma = j(v)$ 之间的相互关系来进行分析。

综上所述，从临界状态到局部沉积状态的转换，不仅在降低矿浆流量而保持其密度不变时可能发生，而且在增加矿浆密度（和临界状态相比）而保持其流量不变时，也可能发生。由于流量保持不变，则局部沉积管内的流速 $v_{ч,3}$ 将大于临界流速 v_{KP}，流速从临界流速增加某一数值 Δv，则使水力坡降增加一个数值 ΔI_v；与此同时，水力坡降又由于形成沉积层而增加一个数值 ΔI_h，显然，在这种情况下，流速改变一个数值 ΔV，则使水力坡降改变了 $\Delta I_v + \Delta I_h$。

这样一来，由于矿浆密度的增加，从临界状态向局部沉积状态的转换，使水力坡降比临界状态时增加。这时，关系式 $I_{\text{ч},3}=f(v_{\text{ч},3})$ 将由曲线 AF 来确定（见图 3-6（d））。输送物质的粒径在很大程度上影响到这个曲线的性质。看来，物质粒径越大，则在同一种流速下，局部沉积管内和无沉积管内水头损失的差别越大。

图 3-6 所表示的各种可能的曲线 $I_{\text{ч},3}=f(v_{\text{ч},3})$ 的性质在很大程度上扩充了对局部沉积状态的概念，它将促进对这些状态建立比较可靠的计算方法。

3.3 砂 泵 站

3.3.1 离心式砂泵泵站

3.3.1.1 砂泵的型式及性能

尾矿压力输送常用的离心式砂泵有 PNJ 型（衬胶泵）、PN 型（泥浆泵）、PH 型（灰渣泵）、PS 型（砂泵）等型砂泵，其特点简介如下：

（1）PNJ 型。叶轮及泵壳内壁均衬胶，其使用寿命为一般铸铁件的 3~5 倍，甚至更长。出口可由竖向改为横向，便于布置。直接串联的使用经验较多，但一般厂矿不易自制衬胶备件。

（2）PN 型。承磨件用耐磨铸铁制，使用寿命较一般铸铁件长 1~3 倍。但耐磨铸铁备品备件的供应不易得到保证，且一般厂矿不易加工。

（3）PH 型。性能与 PN 型泵相同。

（4）PS 型。构造较简单，便于维修。两侧均有进口，便于布置。一般厂矿均可自制。

砂泵的性能指标如下所示：

（1）PNJ 型衬胶砂泵的性能见图 3-7 及表 3-2，安装图见图 3-8。

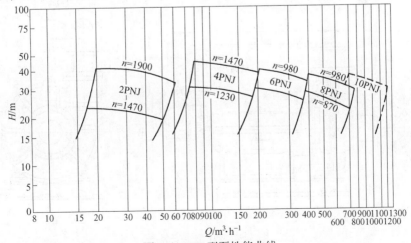

图 3-7 PNJ 型泵性能曲线

表 3-2　PNJ 型泵性能表

型号	流量		扬程/m	转速 /r·min⁻¹	功率/kW		效率/%	叶轮直径/mm	叶轮片数	泵重/kg
	m³/h	L/s			轴功率	配电机				
2PNJ	27	7.5	40		9		33	277	4	400
	40	11.1	38	1900	10.3	17	40			
	50	13.9	36		11.1		44			
	27	7.5	22		4.6		35			
	40	11.1	21	1470	5.3	10	43			
	50	13.9	19		5.7		45			
4PNJ	95	26.6	43		26		44	360	4	460
	130	36.2	41	1470	28.5	55	50			
	160	44.5	40		30.5		56			
	80	22	30.5		14.9		44			
	110	30.5	28.5	1230	17	30	50			
	136	38	28		18		57			
6PNJ	250	69.5	38		45		58	490		1070
	300	83	37	980	50	75	60			
	350	97	35		53.5		62			
	400	111	33		60		60			
8PNJ	400	111	36		59		60	510	3	1900
	550	153	34	980	80	115	64			
	700	195	30		88		65			
	355	98.6	28.4		45.6		60			
	488	135.5	26.8	870	55.1	75	64			
	621	172.5	23.7		61.9		65			

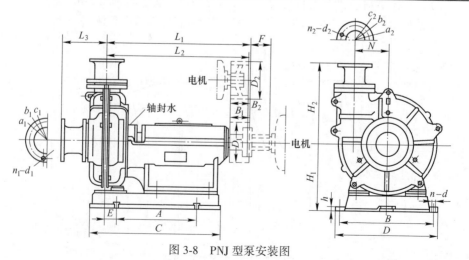

图 3-8　PNJ 型泵安装图

（2）PN、PNL 型衬胶砂泵的性能见图 3-9 及表 3-3，安装图见图 3-10。

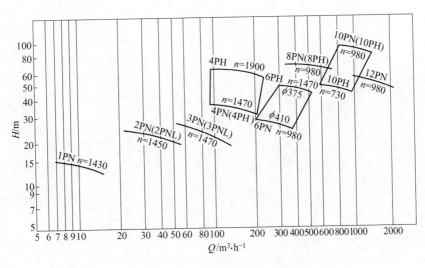

图 3-9 PN、PNL 和 PH 型泵性能曲线

表 3-3 PN、PH 型泵性能表

| 型号 | 流量 | | 扬程/m | 转速 /r·min⁻¹ | 功率/kW | | 配带电机型号 | 效率 /% | 允许吸上直空高度/m | 叶轮直径 /mm | 叶轮片数 | 泵重 /kg |
	m³/h	L/S			轴功率	配电机						
1PN	7.2	2	14	1430	1.3	3	JO₂32-4	21		204	5	120
	12	3.33	13		1.4			30				
	16	4.45	12		1.5			35				
2PN	30	8.3	22	1450	4.9	10	JO₂52-4	36.5		265	5	150
	47	13	20		5.7			44.5				
	58	16	18		6.3			45				
2PNL	30	8.3	22	1450	5.4	10	JO₂52-4（T₂）	33		265	5	
	47	13	19		6.2			39				
	58	16	17		6.8			39				
3PN（3PNL）	54	15	26	1470	12	22	JO₂71-4 JO₂71-4（T₂）	32		300	5	450
	108	30	21		14.7			42				
	151	42	15		16.7			37				

型号	流量		扬程/m	转速 /r·min⁻¹	功率/kW		配带电机型号	效率/%	允许吸上直空高度/m	叶轮直径/mm	叶轮片数	泵重/kg
	m³/h	L/S			轴功率	配电机						
4PN (4PH)	100	28	41	1480	24	55 (40)	JO₂91-4	46	5.5	340	4	1000
	150	42	39		29			55				
	200	56	37		33			61				
4PH	140	39	62	1900	47	75		50	4.5	340	4	1000
	180	50	60		52			57				
	220	61	58		58			60				
6PN	230	64	27	980	30.4	75	JO₂94-6	56	5.5	410	4	1200
	280	78	26		33			60	5.3			
	320	90	25		35.5			62	4.2			
6PH	350	97	62	1480	107	135		55	5	420	4	1200
	400	111	60		112			58				
	450	125	58		120			59				
	550	153	54		132			60				
	330	92	48	1470	77	115		56	5.5	375	4	1200
	400	112	47		86			60	5.3			
	480	134	45		96			62	4.2			
8PN (8PH)	450	125	65	980	141	215 (185)	J8128-8	57	3.5	635	4	4000
	550	153	63		156			61				
	600	167	62		160			63				
10PN (10PH)	768	213	91.8	980	433	780 (550)	JSQ 1512-6	44	5	750	4	4600
	1030	286	88		483			50.5				
	1290	358	85		500			63				
10PH	585	156	51	730	179	240		41	5	750	4	4600
	770	214	49		200			50.5				
	960	267	47.4		207			63				
12PN	1350	375	53	980	310	550	JSQ 158-6	62.5	5	650	3	4500
	1600	444	50		334			65				

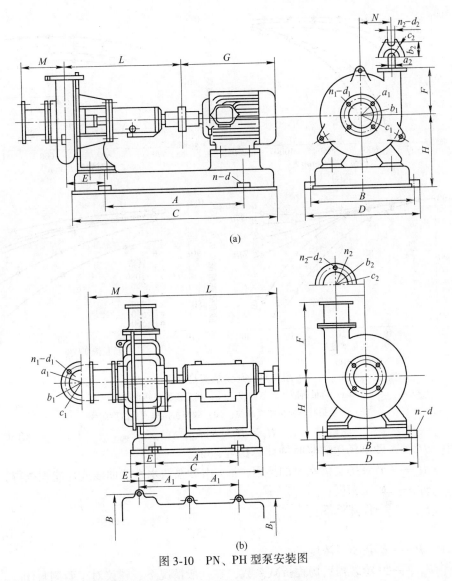

(a)

(b)

图 3-10　PN、PH 型泵安装图

3.3.1.2　砂泵扬送矿浆时的计算扬程

离心式砂泵扬送矿浆时的扬量、扬程及效率均随矿浆浓度的变化而变化。由图 3-11（b）可看出：当质量浓度 $P<20\%$ 时，扬程折减率随浓度的增加而减小；当 $P>20\%$ 时，扬程折减率又随浓度的增加而上升。再从图 3-11（a）和（c）可看出：当泵转数 $n>900\mathrm{r/min}$，且质量浓度 $P<30\%$ 时，流量折减率均大于 95%，也就是说流量降低很少。因此，当使用离心式砂泵扬送高浓度矿浆或泵转数较低时，其扬量、扬程及效率均应通过试验确定；而在一般情况下，扬送矿浆的扬量变化不予考虑，计算扬程可按式（3-15）确定。

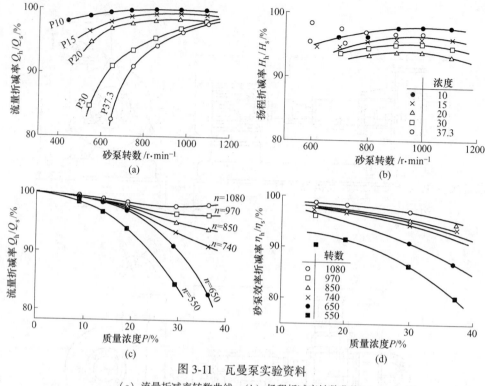

图 3-11 瓦曼泵实验资料

（a）流量折减率转数曲线；（b）扬程折减率转数曲线；

（c）流量折减率质量浓度曲线；（d）效率折减率质量浓度曲线

$$H_k = H_s \gamma_k K_H k_M \tag{3-15}$$

式中 H_k——砂泵扬送矿浆时的计算扬程，m；

H_s——砂泵扬送清水时的扬程，m，由砂泵清水性能曲线或性能表查得；

γ_k——矿浆密度；

K_H——扬程降低率：

$$K_H = 1 - 0.25P \tag{3-16}$$

P——矿浆质量浓度；

k_M——叶轮磨损后扬程折减系数，在一般情况下，建议对于两侧封闭，以上的衬胶叶轮，k_M 取 0.95；其他叶轮 k_M 取 0.80 ~ 0.95。

3.3.1.3 砂泵性能的调节

现有砂泵的额定性能有时不能适应具体工程的需要，当相差不大时，可用下述方法

对砂泵的性能进行适当的调节。

（1）改变转速。改变转速后砂泵的性能变化按下列公式换算：

$$Q_2 = Q_1 \frac{n_2}{n_1} \tag{3-17}$$

$$H_2 = H_1 \left(\frac{n_2}{n_1}\right)^2 \tag{3-18}$$

$$N_2 = N_1 \left(\frac{n_2}{n_1}\right)^3 \tag{3-19}$$

式中　Q_2，H_2，N_2，n_2——砂泵改变转速后的流量、扬程、轴功率及转速；

　　　Q_1，H_1，N_1，n_1——砂泵的额定流量、扬程、轴功率及转速（由产品样本或性能曲线查得）。

砂泵转速的调节，一般应在产品样本给定的范围内进行，如需超出范围也不宜过大以免效率降低过多或机器部件不能适应。

（2）切削叶轮（减小直径）。砂泵叶轮切削后的性能变化，可用离心式水泵的公式进行换算：

$$Q_2 = Q_1 \frac{D_2}{D_1} \tag{3-20}$$

$$H_2 = H_1 \left(\frac{D_2}{D_1}\right)^2 \tag{3-21}$$

$$N_2 = N_1 \left(\frac{D_2}{D_1}\right)^3 \tag{3-22}$$

式中　Q_2，H_2，N_2，D_2——叶轮切削后的流量、扬程、轴功率及叶轮直径；

　　　Q_1，H_1，N_1，D_1——叶轮切削前的流量、扬程、轴功率及叶轮直径（由产品样本或性能曲线查得）。

砂泵叶轮的切削量不应超过原直径的 20%。

3.3.1.4　砂泵工作台数的确定

当砂浆量不大或有合适的设备时，应尽量选用一台砂泵扬送全部矿浆，当矿浆量较大又无合适的设备时，可选用几台同型号的砂泵并联工作。并联工作对于分期投产或生产有较大波动的选矿厂适应性较好。

并联砂泵的计算扬程可视为与单台砂泵相同。砂泵并联工作台数可按下式确定：

$$n = \frac{Q_b}{q_b} \tag{3-23}$$

式中　n——砂泵并联工作台数；

　　　q_b——单台砂泵工作的扬量，$\mathrm{m^3/h}$；

　　　Q_b——砂泵站扬送的矿浆总量，$\mathrm{m^3/h}$。

$$Q_b = KQ_k + q_s \tag{3-24}$$

式中　K——流量波动系数，由选矿工艺提供或取 1.1~1.2，大型选厂或生产较稳定的浮选工艺流程取小值，否则取大值；

Q_k——选厂尾矿排出量，m^3/h，根据工艺流程图或生产系列的生产能力确定；

q_s——砂泵水封水量，m^3/h，可按砂泵扬送矿浆量的 1%~2%（大型砂泵取小值，小型砂泵取大值）确定，当水封供水系统工程量较大时，建议参考同泵型的实测数据或实际供水情况设计。

对多段扬送所需砂泵段数的估算，已知扬送矿浆的几何高差和管道长度，即可按式（3-25）初步估算所需砂泵段数：

$$n = \frac{H\gamma_k + 1.1Li_k}{H_k - \chi} \tag{3-25}$$

式中　n——估算的砂泵段数；

H——扬送矿浆的几何高差，m；

γ_k——矿浆密度；

L——矿浆管道总长度，m；

i_k——压力管道输送矿浆时的水力坡降；

H_k——单段砂泵的计算扬程，m，按式（3-15）计算；

χ——为泵站内部的水头损失、矿浆仓水头损失及剩余水头之和，m。可根据泵站内的配置情况和泵站间的连接方式按表 3-4 选取。

表 3-4　χ 值　　　　　　　　　　　　　　　（m）

泵站连接方式	泵站内的砂泵段数	
	1	2
矿浆仓	6~9	3~5
直接串联	2~4	—

为保持砂泵站连续正常运转，应设备用砂泵。备用泵的数量应根据输送尾矿的粒度、硬度、矿浆浓度，砂泵的型号、台数，砂泵站的工作制度、布置情况以及检修条件等因素决定，一般可按表 3-5 确定。

表 3-5　砂泵的备用数量

砂泵种类	砂泵规格	工作台（组）数	备用台（组）数
非衬胶砂泵	20cm 及 20cm 以下	1	1~2
		2	2
	25cm 及 25cm 以上	1	2
		2	2~3

续表 3-5

砂泵种类	砂泵规格	工作台（组）数	备用台（组）数
衬胶砂泵	20cm 及 20cm 以下	1	1
		2	1~2
		3~4	2
	12P-7（叶轮不衬胶）	1	2
		2	2

当矿浆管道转换后需冲洗时，备用泵的台（组）数还应满足冲洗的要求。

3.3.1.5 砂泵站的配置

在选择砂泵站位置时，一般应综合考虑下列原则：

（1）避免做成地下式，且工程量少；

（2）交通运输方便；

（3）避开滑坡、断层及回填土等不良工程地质地段；

（4）避开积雨洼地，洪水淹没区及山洪可能冲刷的地段；

（5）泵站及外部管道的矿浆能自流至事故池。

砂泵站的连接方式，多段砂泵接力扬送尾矿，可采用间接串联（经矿浆仓）、近距离直接串联（在同一泵站内）、远距离直接串联（不经矿浆仓）以及这些方式的混合连接方式。

表 3-6 列出几种砂泵的基本连接方式及其特点。

管道的布置应主要根据砂泵台数、输送管道根数和长短、对闸门的磨损程度、管路的冲洗要求等因素考虑布置形式，要求如下：

（1）管道及闸阀的布置应力求在砂泵、管线或闸阀发生故障时，不影响尾矿输送系统的正常工作。

（2）管道布置应力求简单，减少闸门、转角数量，并尽量避免死角管段。

（3）管道及闸门的布置应考虑操作及检修的方便。当管道有碍通行时，应设跨越走台。对于多台砂泵的泵站，宜将吸入管和压出管都布置在泵站的一侧。当闸门的手轮高出地面较高时，应考虑设置操作平台。

（4）管道一般应采用明设钢管，管壁与地面、墙壁间的最小净距应不小于0.4m，同时不得在电气设备上方通过。

（5）管道的最低点处应设有放空管，最高点处应设有排气装置。排出的矿浆应引入泵站内的排矿地沟。

（6）直径 400mm 以上的闸门宜采用液压或电动阀门。

（7）在管道的适当地点（转角、闸门下）设置必要的支撑，避免其重量直接压到设备上。表 3-7 所列为管道布置的几种主要形式及特点。

表 3-6　砂泵站的连接方式

连接方式	图 示	优 点	缺 点	使 用 厂 矿
简接串联		(1) 管理简单； (2) 发生事故的可能性小，易发现问题，便于处理事故	(1) 多消耗爬矿浆的一段水头； (2) 多了矿仓不能充分利用，砂泵扬程不能利用；占地面积也相应地大些	较普遍
		(1) 减少了泵站座数，减少了操作管理人员； (2) 便于维护、管理、检修； (3) 能充分地利用砂矿扬程	(1) 检修需及时，备用率相对降低； (2) 由于扬程增加，需相应地提高水封压力	鞍钢烧结总厂、东鞍山、凹山、大石河、岭、大孤山（以上为20cm胶泵）、杨家杖子（进口20cm胶泵）、凤凰山、乌龙泵（11.43cm胶泵）、狮子山 等
直接串联		(1) 省掉了爬矿仓的水头损失，充分利用砂泵扬程； (2) 省掉了矿仓的有关工程及操作	(1) 目前矿浆输送系统的安全措施还不完善，所以发生事故的可能性多； (2) 操作管理要求严格	杨家杖子（2号泵站）、大孤山（2号泵站，12P-7）、水厂（2号泵站，12P-7 不衬陕）、锦屏（2号、3号泵站，8H3）、凡口（2号泵站，20cm胶泵）、上海航道局2号接力泵站（自制42-69型泥泵）等
		(1) 省掉了爬矿仓的水头损失，充分利用砂泵扬程； (2) 省掉了矿仓的有关工程及操作	(1) 目前矿浆输送系统的安全措施还不完善，所以发生事故的可能性多； (2) 操作管理要求严格	乌龙泵（2号泵站，11.43cm胶泵）、象山（6PH）、杨家杖子（新设计的2号泵站）等

表 3-7　管路布置的几种主要形式及特点

布置型式	图示	优点	缺点	适用条件	使用厂矿
单一	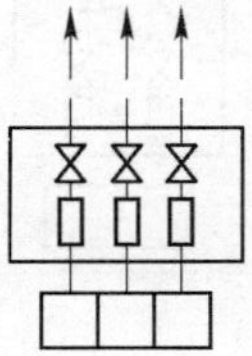	(1) 布置简单,闸门与管件最少; (2) 操作与检修方便,水力条件好; (3) 所需泵站建筑面积小	(1) 当砂泵台数多、输送距离远时,基建投资高; (2) 换泵即需转换管道,相应地增加了冲洗用水量及事故放矿次数	(1) 砂泵台数少、最适于两台泵、两条管的情况; (2) 输送距离短	古山、五龙、桃林、杨家杖子等
Y 型	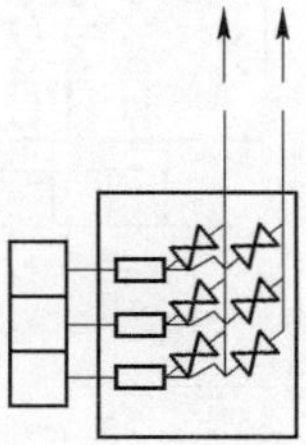	换泵可不换管	(1) 闸门较多; (2) 管道有立体交叉	多台砂泵或并联泵接两条输送管道者	烧结总厂、齐大山、歪头山等
M 型	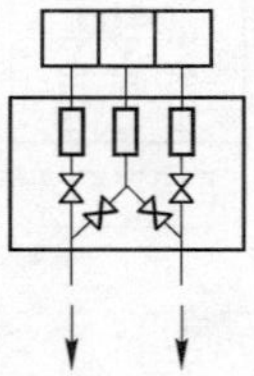	(1) 管道布置较简单,闸门数量较少; (2) 操作管理比较简单; (3) 水力条件较好	两侧砂泵不能互为备用,备用率较其他型式为低	三台砂泵接两条输送管道	新冠选厂

续表 3-7

布置型式	图示	优　点	缺　点	适用条件	使用厂矿
H 型	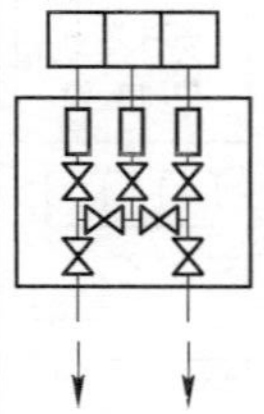	(1) 管道布置较紧凑，所需建筑面积较"M"型小；(2) 砂泵的备用率较"M"型布置高	(1) 闸门较多；(2) 水力条件不好	同"M"型，但闸门磨损较轻的场合	锦屏、弓长岭等
集中分配管型	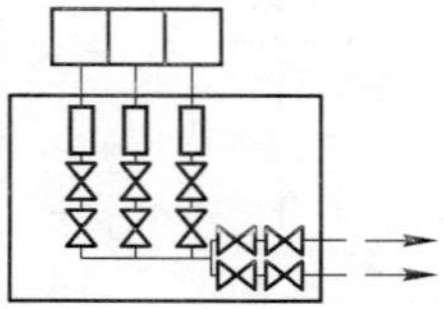	(1) 管路布置较规则，简单，双排闸门的一排可用逆止阀代替；(2) 可做到换泵不换管	(1) 集中管的闸门近集中管的闸门拆换时，砂泵站需停止运转；(2) 不能用砂泵扬水冲洗转换的管道；洗转换闸门时，需大口径闸门	(1) 多台砂泵并联；(2) 管道不需冲洗，或冲洗水可不经砂泵扬水冲洗的单段运行而直接运行的砂泵站	水厂、南芬 2 号、3 号泵站
K 型	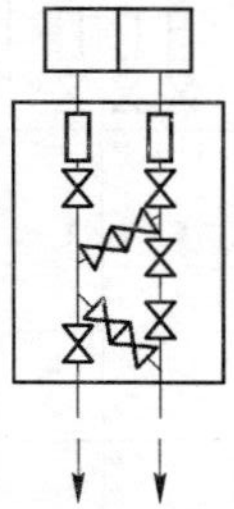	(1) 可做到少倒换管道；(2) 水力条件较好	(1) 管路布置不规则占地面积大；(2) 闸门多，事故的机会也多	砂泵台数少（不多于 3 台）	大孤山、凡口等

3.3.1.6 砂泵站的辅助设施

A 给水

砂泵站的用水包括饮用水和生产用水。生产用水根据不同的情况可能有如下各项：（1）砂泵水封用水；（2）轴承冷却用水；（3）水力闸门用水；（4）冲洗地坪用水；（5）调节流量用水；（6）冲洗管道用水等。前三项应尽量供给清水，若有困难或不经济时，而尾矿回水的水质又较好（悬浮物在 500mg/L 以下）时，也可供给尾矿回水。其余均可使用尾矿回水。

为保持水封供水压力的稳定性，水封给水系统上最好不再接出冲洗、调节用水水管。当必须由一个系统供水时，水封供水压力应按不利条件进行核算。水封系统若同时供水力闸阀用水时，应满足其对水压的要求。

冲洗水管的供水能力应视矿浆管道的冲洗要求而定：对于必须冲洗且要求严格的管道，冲洗水量应不小于输送矿浆时的临界流量，总用水量按管道的容积另加 5~10min 的冲洗流量计；对于冲洗要求不严的管道，冲洗水流量可酌情减小。

B 排水

砂泵站内的排水（如冲洗地坪水及盘根等处的漏水等）应尽量自流排往附近的事故池。若受地形条件限制不能自流排水时（如地下式砂泵站），则需设置排水泵。排水泵可采用立式砂泵、卧式水泵或水射器等。

对于大、中型砂泵站、排水泵应有备用泵，并宜设计成自动启闭的。

砂泵站内的地面应有坡度不小于 0.01 的坡向排水地沟，地沟的坡度一般不小于 0.02，宽度应考虑便于清理和冲洗。

C 供电、照明和电信

供电照明和电信要求如下：

（1）砂泵站对供电可靠性的要求，应不低于选矿厂主要车间。

（2）对于需开动备用砂泵进行矿浆管道冲洗的砂泵站，应按冲洗时同时运转的砂泵台数确定供电设备的能力。

（3）末级砂泵站的供电，应考虑砂泵功率逐渐增大的特点，采取必要的调节措施。

（4）较大型的砂泵站，应设有电焊机专用的插头。

（5）砂泵站的照明还应考虑室外矿浆仓以及砂泵站事故池等处的操作要求。

（6）第一总砂泵站一般应设有与调度室联系的调度电话，与各分砂泵站和各总砂泵站间的专用电话。

（7）较大型的砂泵站，应考虑设隔音电话间。

D 采暖及通风

采暖及通风应注意：

（1）砂泵站的采暖应考虑冬季电机全部停转时的防冻问题，此时室内温度应保持在 5℃ 以上。

（2）地下式泵站应主要考虑底部操作区的采暖。

（3）当砂泵站机组容量较大，输送矿浆有特殊气味以及输送高温矿浆时，砂泵站应设置必要的通风设施。

E   辅助用室

辅助用室有：

（1）砂泵站内应留有存放备品备件及常用材料的适当地方；砂泵站的废品可堆放于室外场地上。

（2）较大型的砂泵站可考虑设置值班室（电话可设于值班室内），值班室的位置应便于操作、观察设备运行情况。

（3）砂泵站距厂区和工人村较远时，应考虑设休息室。

（4）当砂泵站较大，级数较多，且距厂区较远时，为便于管理起见，可在适当地点（某砂泵站附近）设置必要的办公室、公用设施及专用的检修工段。

F   运输道路

为便于设备运输，砂泵站与原有公路之间应修筑专用道路。对于地形条件特殊如陡坡上的砂泵站，可考虑设斜坡卷扬道等。

3.3.2　容积式浆体泵泵站

容积式浆体泵属于往复式泵，主要包括活塞泵、油隔离泵、柱塞泵、隔膜式浆体泵（隔膜泵）、螺杆泵等。

3.3.2.1　容积式浆体泵的工作原理及特点

A   泵的工作原理

容积式活塞泵整机分动力端和液力端两部分。动力端由电动机、减速机构、偏心轮和连杆十字头机构组成。液力端由活塞（或柱塞）、液力缸、阀端、稳压防震安全装置及其他辅助设施组成。其工作原理：电动机驱动，经减速传动机构使偏心轮做旋转运动，再带动连杆、十字头机构往复运动，使活塞（柱塞）直接或间接推动浆体，经由阀箱进入或压出；由于多缸和双作用的功能，使各液力缸不同步的工作变成基本稳定的浆体流。

B   泵的特点

容积式浆体泵的主要特点如下：

（1）主要优点是输出压力很高，国内产品最大标定输出压力为 16MPa，国外产品高达 25MPa。

（2）Q-H 性能曲线接近平行于 H 坐标的直线，即流量随压力变化系数，对缸径、冲程和冲次已确定的某种泵型，其流量基本为定值，适宜于恒定流量的输送。

（3）效率高，一般为85%～95%。功率消耗较低，运行费用较低。

（4）结构复杂、体积庞大、价格昂贵、维护管理要求高。

（5）对输送物料要求较严，一般只能输送粒度小于1～2mm的物料浆体。油隔离泵一般要求进入缸体的物料颗粒粒径小于1mm。不同磨蚀性浆体，要求选择不同型式的泵，油隔离泵和活塞泵只能用于磨蚀性较低的浆体输送系统，柱塞泵和隔膜泵可以用于磨蚀性相对较高的浆体输送系统。

（6）要求有一定的灌入压力，油隔离泵需要2～3m静水压，其他泵型要求更高，国外油隔离泵的灌入压力一般为0.2～0.3MPa。

（7）除活塞泵外，其他泵型要求采取使浆体不与泵的运动部件直接接触的隔离措施。油隔离泵是以油介质隔离活塞与浆体接触，隔膜泵是以特制橡胶隔膜为隔离体，柱塞泵则以压力清水冲洗柱塞的方式使柱塞与浆体脱离接触。该类泵一般运行可靠，事故率少，作业率高，备用率低，通常备用率为50%～100%。

（8）排出端必须设置稳压、减震和安全装置。通常采用空气罐（包）为稳压减震手段，采用安全阀为超压安全装置。国外某些知名厂家（如GEHO）在隔膜泵压出端采用带压力开关和充氮的缓冲器为稳压安全措施。国内某些工厂生产的油隔离泵吸入端也常配带稳压空气包，以确保进入的压力和流量均衡。

（9）流量范围相对较窄。由于受缸径、冲程和冲次的限制，流量过大会引起泵的造价增加和磨蚀率上升。国内外生产的活塞泵、油隔离泵及柱塞泵单台流量均在200m³/h以内。国外生产的隔膜泵流量可以达到850m³/h，但大流量隔膜泵推荐用于中、低磨蚀性浆体输送系统。

C　适用性

容积式浆体泵广泛用于长距离浆体输送系统。国内油隔离泵在尾矿输送和灰渣输送系统已得到广泛应用，输送距离以数千米至数十千米不限。在铁精矿、磷精矿及煤浆远距离输送管道设计中开始应用柱塞泵、活塞泵和隔膜泵。国外在浆体长距离输送系统采用容积式泵比较广泛，在铜精矿、铁精矿、磷精矿、煤浆、石灰石、尾矿等管道输送系统中，最长输送距离达500km，最大输送量为1200万吨/年，最高的输出压力高达23MPa。

容积式浆体泵对浆体的磨蚀性和物料粒度是有限制的，输送粒度一般要求在1～2mm以下，对磨蚀性要求要比离心泵更严格。从技术角度分析，粒度过粗或磨蚀性过强，易引起容积泵效率下降和易损件寿命缩短。若从经济角度衡量，由于容积式浆体泵远比离心泵昂贵，长距离管道系统总体造价很高，不控制物料粒度和磨蚀性，会使整个系统经营费用增加。可见长距离浆体输送应严格控制物料粒度和磨蚀性。

3.3.2.2 喷水式柱塞泵

喷水式柱塞泵是一种三缸单作用容积式浆体泵，也属往复式泵类。它是通过偏心连杆机构将圆周运动改变成往复运动，使柱塞泵周期性往复运动，推动浆体经由阀箱压出。

A 结构特点

喷水式柱塞泥浆泵主要由传动端、柱塞组合、水清洗系统、阀箱组件四大部分组成，与一般柱塞泵的主要区别是有水清洗系统。该系统清洗泵、单向阀组喷水环，可保证柱塞在返回行程时，通过喷水环向柱塞周围喷射清水，在柱塞圆周方向上形成一个均匀的高压水环，使柱塞表面黏附的固体颗粒能及时清洗干净，使柱塞与浆体隔离开，避免固体颗粒进入密封系统造成严重的表面磨损，以延长柱塞的密封寿命；另外，阀体组件采用特殊的胶体组合锥形阀，不但使阀的密封更可靠，而且磨损减小、使用寿命长。

B 适用范围

喷水式柱塞泥浆泵原来主要用于火电厂远距离输送高浓度灰浆、矿山输送选矿尾矿，要求矿浆中所含固体物料粒度小于 3mm，矿浆质量浓度不大于 60%，流量可在 20~300m³/h 范围内选择，输送压力可达 2~8MPa，设备配置要求有 0.02MPa 的进浆压力，即要求矿浆池比泵的高 2m 以上。

喷水式柱塞泵用于浆体管道输送的国内生产厂家主要是宝鸡水泵厂、上海大隆机器厂等。宝鸡水泵厂生产的 PZNB 系列喷水式柱塞泵的技术参数见表 3-8，结构示意图如图 3-12 所示。

表 3-8 喷水式柱塞泥浆泵技术参数

型 号	PZNB-20/2	PZNB-30/2	PZNB-40/2	PZNB-45/2	PZNB-50/2	PZNB-15/3	PZNB-20/3	PZNB-25/3	PZNB-30/3	PZNB-40/3	PZNB-15/4
流量/m³·h⁻¹	20	30	40	45	50	15	20	25	30	40	15
工作压力/MPa	2	2	2	2	2	3	3	3	3	3	4
吸入压力/MPa	0.1	0.1	0.1	0.1	0.1	0.1	0.1	0.1	0.1	0.1	0.1
柱塞直径/mm	120	120	150	150	150	120	120	120	120	150	120
泵速/m·min⁻¹	60	90	75	85	94	44	60	74	90	75	44
行程长度/mm	180	180	180	180	180	180	180	180	180	180	180

续表 3-8

型 号		PZNB-20/2	PZNB-30/2	PZNB-40/2	PZNB-45/2	PZNB-50/2	PZNB-15/3	PZNB-20/3	PZNB-25/3	PZNB-30/3	PZNB-40/3	PZNB-15/4
配套电动机	额定功率/kW	15	22	30	37	37	18.5	22	30	37	45	22
	转速/r·min⁻¹	970	970	980	980	980	970	970	980	980	980	970
	电压/V	380	380	380	380	380	380	380	380	380	380	380
	型 号	Y180L-6	Y200L2-6	Y225M-6	Y250M-6	Y250M-6	Y200L-6	Y100k-6	Y225M-6	Y250M-6	Y280S-6	Y200L2-6
外形尺寸 (长×宽×高) /mm×mm×mm		2260× 1050× 900	2260× 1050× 960	2260× 1050× 960	2260× 1050× 960	2260× 1050× 960	2260× 1050× 960	2260× 1050× 960	2260× 1050× 960	2260× 1050× 960	2260× 1050× 960	2260× 1050× 960
配套清洗泵 型 号		3DS 2/2	3DS 3/2	3DS 4/2	3DS 4.5/2	3DS 5/2	3DS 1.5/3	3DS 2/3	3DS 2.5/3	3DS 3/5	3DS 4/3	3DS 1.5/4

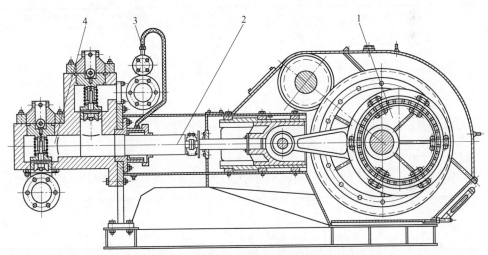

图 3-12　PZNB 型喷水式柱塞泥浆泵结构示意图
1—传动端；2—柱塞组合；3—水清洗系统；4—阀箱组件

3.3.2.3　隔膜泵

隔膜泵是在往复泵的基础上发展起来的，与一般往复泵的根本区别在于设有隔膜。其特点是用橡胶隔膜将输送的浆体（介质）与泵的缸套、活塞等运动部件完全隔开，运动部件不与浆体接触，避免了固体颗粒对泵造成的严重磨损，提高了易损件的寿命。解决了普通活塞泵不能适应高磨蚀率浆体输送问题，且具有比柱塞泵输送流量更大的优势。

国际上只有荷兰、法国等少数国家生产制造，但价格昂贵，每吨价格为一般机械产品的 5~10 倍。1999 年沈冶研制开发了 SGMBl40-7 隔膜泵，并在上海梅山矿业公司获得应用，该套技术与设备很好地解决了高浓度、固液两相介质进行大流量、长距离（12.5km）管道输送的难题，填补了国内空白。

SGMB 系列隔膜泵为卧式双缸作用往复式隔膜泵，用橡胶隔膜把所输送的浆液与泵的活塞、缸套等运动部件分隔开来，使它们在清洁的油中工作，因而能够输送腐蚀性、磨蚀性的物料。

其技术性能为：输送介质的最大质量固体浓度为 65%；最大固体粒度为 1mm；最大介质温度为 100℃。

其主要特点为：（1）排量高，油耗低，吸入性能好，使用寿命长；（2）自动化水平高，操作简单方便；（3）设有隔膜保护系统和隔膜破损报警系统；（4）采用了集中微机控制和双频无级调速等先进技术。

其技术参数见表 3-9，结构示意图如图 3-13 所示。

表 3-9　SGMB 型隔膜泵技术参数（沈冶）

油缸直径与行程/mm×mm	D165×350	D210×450	D285×500	D285×500
排量/m³·h⁻¹	60	120	250	500
工作压力/MPa	4	4	7	7
电动机功率/kW	115	220	625	1250
电动机转速/r·min⁻¹	730	730	1255	1250
吸入管直径/mm	150	200	250	200
排出管直径/mm	100	150	200	250
总重/t	17	28.5	60	120
外形尺寸（长×宽×高）/mm×mm×mm	5000×2500×2500	7150×3234×3600	11083×4830×4842	11083×8073×4842

3.3.2.4　油隔离泵

油隔离泵是在双缸作用活塞泵的基础上发展而来的。为防止浆体进入活塞缸，在活塞泵体进出口分别加设 4 个油隔离罐。该泵自 20 世纪 70 年代由日本引进以来，经消化移植和改进完善，形成具有我国特点的浆体泵，也是国内在浆体管道工程中应用较多的容积式泵，最高使用压力为 7MPa。油隔离泵的组成如图3-14 所示。

A　油隔离泵使用条件

油隔离泵使用条件如下：

（1）浆体中的固体物料粒度小于 1mm，短时间内允许含量占 10% 的 2~3mm 颗粒通过。

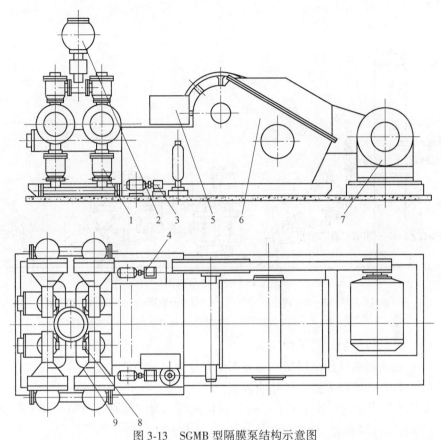

图 3-13　SGMB 型隔膜泵结构示意图

1—液力端；2—空气包；3—推进液系统；4—冲洗液系统；5—电控系统；6—动力端；
7—电动机；8—超压保护系统；9—排气系统

（2）浆体质量浓度不高于 70%。

（3）浆体颗粒密度低于 1.2t/m³，避免轻质物料进入隔离油罐。

（4）浆体不易与汽轮机油发生乳化或化学变化。

（5）泵用压入式喂料。喂入压力为 0.03 ~ 0.07MPa，进浆管道长度最好在 10m 之内，否则会吸入空气。

B　油隔离泵的特点

油隔离泵的特点如下：

（1）阀箱内的逆止阀有锥形阀和球阀两种形式，国内生产厂均采用锥形阀，作为该泵的主要易损件，阀芯和阀座的材质已有进一步改进，其构造采用了易于拆卸更换的组合件。

（2）油隔离罐开裂是遇到的主要质量问题，各制造厂分别在罐体材质或结构上作了改进，已攻克了这一难点。

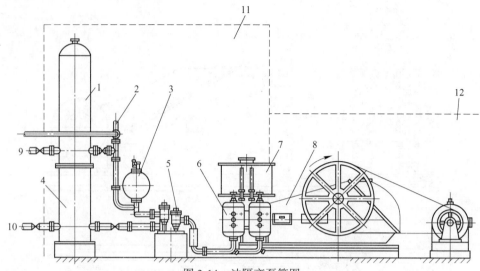

图 3-14　油隔离泵简图

1—排料补偿罐；2—安全阀；3—空气包；4—进料补偿罐；5—阀箱；6—隔离罐；

7—油箱；8—泵主机；9—排料；10—进料；11—液力端；12—动力端

（3）进出口分别配置了稳压室。

（4）在油隔离罐和出口稳压室分别设有界面显示装置。

（5）装有向油隔离缸自动补油装置。

生产该系列泵的厂家主要有兰州通用机械厂、大连宝原等公司，其工作原理示意图如图 3-15 所示，技术参数见表 3-10 和表 3-11。

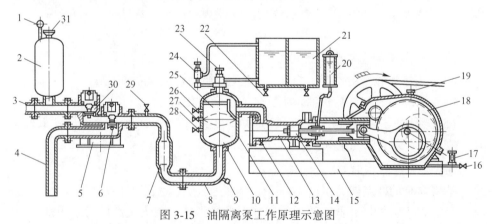

图 3-15　油隔离泵工作原理示意图

1—压力表；2—空气包；3—输料管；4—供料管；5—阀箱；6—吸入阀；7—Z 形管；8—弯管；9—排污帽；

10—泥浆；11—分离罐；12，16，22—放油阀；13—活塞缸；14—活塞；15—机架；17—油标；

18—动力端；19—空气帽；20—填料油盅；21—油箱；23—给油阀；24—排气阀；25—油；

26—油观察阀；27—油面观察阀；28—泥浆观察阀；29—供水阀；30—排出阀；31—安全阀

表 3-10 **YGB 型油隔离泵技术性能**（兰州通用机器厂）

型号	额定压力 /MPa	额定流量 /m³·h⁻¹	活塞直径 /mm	冲程 /mm	冲次 /min⁻¹	吸入管径 /mm	排出管径 /mm
YGB40	4	108	200	350	50	200	135
YGB60	6	108	200	350	50	200	135
YGB80	8	95	200	350	50	200	135

表 3-11 **YJB 型泵的主要技术参数**（大连宝原）

型号①	进料管径 /mm	排料管径 /mm	主电动机			空压机型号	外形尺寸（长×宽×高） /m×m×m	总重 /t
			型号	功率/kW	电压/V			
YJB200/8	250	225	JRL48-4	570	6000	1-0.433/60	7.9×6.7×5	69
YJB200/6	250	225	JRL512-10	480	6000	1-0.433/60	10.1×4×5.6	46
YJB160/6	273	219	JSL410-6	380	6000	1-0.433/60	12.8×4.3×5.2	64
YJB120/6	200	175	JRL57-8	320	6000	1-0.433/60	10×3.8×5	27.5
YJB80/6	180	125	JSL47-8	200	6000	1-0.433/60	7×5.8×5.5	30.9
YJB200/4	250	225	JRL57-8	320	6000	1-0.433/60	9.4×3.9×5.3	26
YJB160/4	250	200	JRL48-8	240	6000	1-0.433/60	9.3×3.9×5.3	26
YJB100/4	200	150	JRL37-10	155	380	1-0.433/60	8×3.5×5.2	17.2
YJB70/4	170	125	JRL27-10	115	380	1-0.433/60	8x3.5×5.2	17
YJB330/4	110	80	JZS29-1	55	380	1-0.433/60	6.4×2.6×3.5	9.1
YJB200/2.5	250	225	JRL47-8	200	6000	CZ20/30F	10×3.5×6	24.7
YJB160/2.5	250	200	JRL37-10	155	380	CZ20/30F	10×3.5×6	22.8
YJB120/2.5	200	175	JRL27-10	115	380	CZ20/30F	6.8×3.4×5.3	11.5
YJB80/2.5	180	125	JRL17-8	80	380	CZ20/30F	6.8×3.4×5.3	11.4
YJB50/2.5	140	100	JZS2.9.1	55	380	CZ20/30F	6.4×2.6×3.5	9.1

①前面的数字表示该泵的额定流量（m³/h），后面的数字表示该泵的额定排出压力（MPa）；额定进料压力为 0.03MPa。

3.3.3 特种浆体泵

特种浆体泵以离心泵为动力泵，直接或间接推动泵体。运用了隔离技术和压力传递技术，综合了离心泵流量大、往复泵扬程高的双重特点。

3.3.3.1 特种浆体泵的特点及适用范围

A 特点

（1）Q-H 性能与配用的清水泵性能基本一致，流量范围较宽，理论上可以随用户需要配备，但流量过大，泵的体积很大，投资、占地增大，且在制造和检修方面带来困难，其流量一般在 800m³/h 之内。

（2）扬程选择范围比离心式浆体泵宽。它利用多级离心清水泵的主扬程性能，使其扬程可达 10MPa，但目前国内生产实际使用压力要小得多。

（3）效率一般高于离心式浆体泵。因为离心式清水泵一般高于离心式浆体泵，平均效率一般可达到 70%~80%（油隔离泵为 70%~85%）。

（4）对浆料有一定要求，一般要求输送粒度小于 2mm，输送质量浓度小于 70%。

（5）易损件主要为排出阀件与泵体隔离件，维护费用低。由于运行频率仅 $12min^{-1}$，因此逆止阀过流部件的寿命可达 3~6 个月，而柱塞泵、隔膜泵和油隔离泵的寿命一般为 1 个月。

（6）运行自动化程度较高。由于特种浆体泵的泵体为多个并列容器，交替引入高压清水和浆体，各容器工作是不同步的，但要求启闭时差一致和滞后时差相同，以保证均匀、稳定地输送浆体。所以，清水引入阀门要求由自动化程度较高的油压站微机控制，水隔离泵及膜泵还要设反馈检测装置，以准确、快速地把浮球或隔膜行程位置信号送给微机并调控清水阀的启闭。

（7）与容积泵相比，投资省或持平；与离心式浆体泵相比，投资较高。但经营费较省，尤其适宜用以取代多段远距离、间接串联离心式浆体泵输送系统。

　B　适用范围

特殊浆体泵在中等距离和扬程的细粒级精、尾矿、灰渣、煤粉等浆体输送工程中应用广泛。

3.3.3.2　水隔离泵

　A　水隔离泵的结构

水隔离泵在国外被称为水力提升器，有立式和卧式两种，国内主要生产立式泵。水隔离泵由泵体、动力系统、供浆（回水）系统及控制系统四部分组成。泵体由 3 个隔离罐（Ⅰ、Ⅱ、Ⅲ）、6 个液动闸板阀及 6 个逆止阀组成。动力系统由离心式清水泵、出口节流阀及其连接管路组成。供浆（回水）系统由高位浓缩设施或矿浆储仓引入的重力供矿管阀或矿浆压力供矿管阀构成。有条件时，回水直接进入浓缩设备，通常回水先入回水池，再用水泵提升入浓缩设备。控制系统包括电气系统和液压系统。

　B　水隔离泵的工作原理

水隔离泵的工作原理是由高位浓缩或储存设施或喂浆泵供浆体，从泵的隔离工作罐内浮球下部喂入，使浮球均匀上升至某一限定位置；由多级清水泵向浮球上部供压力清水，高压清水通过浮球控制液压站并指挥清水阀，控制 3 个隔离罐交替进高压清水（排浆）和浆体（喂料），以实现均匀、稳定地输送浆体。水隔离泵的外形如图 3-16 所示。

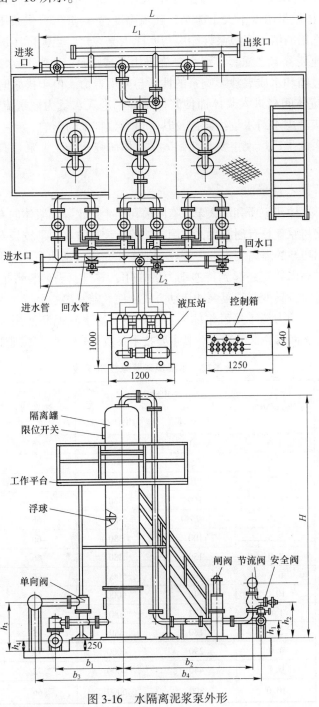

图 3-16　水隔离泥浆泵外形

C　水隔离泵适用条件

水隔离泵适用条件为物料粒度不大于 2mm，固体物料松散密度不大于 1.2t/m³，浆体质量浓度不大于 70%，环境温度为 0~40℃，供浆压头不低于 10~12m 浆柱。选用的清水多级泵性能应与实际工况一致。当实际工况变化时，应配备可靠的调速装置与之配套。清水泵应采用开式循环，并将回水澄清处理再用，以防止水温过高和水质夹沙影响泵的性能与使用寿命。由于排浆时，部分清水沿隔离浮球与罐体间缝进入浆体而使浆体稀释，进入水量为输送流量的 5%~8%，因此选型时应考虑水封水量给浆体及其管道参数带来的影响。

水隔离泵的生产厂家主要有沈阳大学浆体研究所、沈大泵业有限公司、鹤壁通用机械厂。

D　产品技术性能

沈阳大学浆体研究所和沈大泵业有限公司是生产水隔离浆体的专业厂家，其产品的总体思路与原理具有创新性，它用成熟的、较高效率的、较长寿命的清水泵作动力源，采用巧妙的隔离装置——浮球，把工作介质（清水）与输送介质（浆体）隔离开，同时隔离装置还起到传递动力的作用，并且，隔离装置把离心泵（清水泵）的运动方式，转变成往复泵的运动方式，使其兼具离心泵流量大、往复泵扬程高的双重特点。动力源不接触浆体，工作介质（清水）循环使用。从而克服了传统浆体的过流表面寿命低的缺点。其主要技术参数见表 3-12，原理如图 3-17 所示。

表 3-12　水隔离矿浆泵技术参数

| 流量/m³·h⁻¹ | 压力/MPa | 电动机 | | 效率/% | 外形尺寸（长×宽×高）/m×m×m |
		功率/kW	电压/V		
50（30~55）	1.6	40	380	65	3.5×2.3×4.5
	2.5	75	380	65	
	4.0	110	380	65	
	6.4	160	380	65	
85（50~100）	1.6	75	380	66	4×2.8×5
	2.5	100	380	66	
	4.0	150	380	66	
	6.4	290	6000	66	
	10.0	440	6000	66	
150（120~190）	1.6	132	380	75	4×3×5.2
	2.5	180	380	75	
	4.0	290	6000	75	
	6.4	440	6000	72	
	10.0	800	6000	66	

续表 3-12

流量/m³·h⁻¹	压力/MPa	电动机		效率/%	外形尺寸（长×宽×高）/m×m×m
		功率/kW	电压/V		
280（200~360）	1.6	225	380	77	4.6×3.6×7.2
	2.5	300	380	77	
	4.0	500	6000	77	
	6.4	850	6000	77	
	10.0	1000	6000	77	
450（350~500）	1.6	400	6000	77	5.6×4×7.2
	2.5	500	6000	77	
	4.0	680	6000	77	
	6.4	1050	6000	77	
700（650~800）	1.6	600	6000	78	6.5×4.2×7.5
	2.5	800	6000	78	
	4.0	1080	6000	78	
	6.4	1850	6000	78	

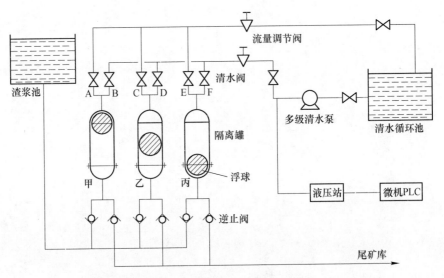

图 3-17　水隔离浆体泵工作原理图（沈阳大学浆体所、沈大泵业）

3.3.3.3　膜隔离泵

膜隔离泵是在水隔离泵的基础上改进而成的新泵种，它是以橡胶隔膜代替隔离球，并将柱型隔离罐改为球型隔离罐，从而克服了水隔离泵在进浆和送浆过程中回水混浆和浆体混水的弊端。膜隔离泵的组成、工作原理及适用条件（除物料密度不受限制）与水隔离泵基本一致，此处不做介绍。

复习思考题

3-1 尾矿输送形式有几种？

3-2 尾矿输送管道布置原则是什么？

3-3 尾矿输送管线布置原则是什么？

3-4 决定尾矿水力输送设施工作的基本参数主要有哪几个？

3-5 局部沉积管内水力坡降与流速的关系主要有哪几种可能的特性？

3-6 如何对砂泵的性能进行调节？

3-7 如何确定砂泵的工作台数？

3-8 简述容积式浆体泵的工作原理。

3-9 简述水隔离泵的结构特点。

3-10 SGMB 型隔膜泵有哪几部分组成？

4 尾 矿 库

4.1 概　述

尾矿库是选择有利地形筑坝拦截谷口或围地形成的具有一定容积、用以贮存尾矿和澄清尾矿水的专用场地。尾矿库内通常设有尾矿坝、排洪系统、固定或移动式回水泵站、值班室和尾矿分散系统等建、构筑物。

尾矿库有以下常用术语：

（1）库长。由滩顶（对初期坝为坝轴线）起，沿垂直坝轴线方向到尾矿库周边水边线的最大距离。

（2）沉积滩。向尾矿库内排放尾矿形成的尾矿砂滩，常指露出水面的部分，也叫做沉积干滩。

（3）滩顶。尾矿沉积滩面与堆积坝外坡面的交线，是沉积滩的最高点。

（4）滩长。自沉积滩滩顶到库内水边线的距离，也叫做干滩长度，是尾矿库安全度的一个重要指标。

4.1.1　尾矿库的类型及特点

4.1.1.1　山谷型尾矿库

在山谷谷口处筑坝形成的尾矿库，如图4-1所示。它的特点是初期坝不太长，堆坝比较容易，工作量较小，尾矿坝常可堆得较高；汇水面积常不太大，排洪设施一般比较简单（汇水面积大时就比较复杂）。这种类型的尾矿库是典型的，国内大量的尾矿库属于此型，管理维护相对比较简单，但当堆坝高度很高时，也会给设计和操作管理带来一定的难度。

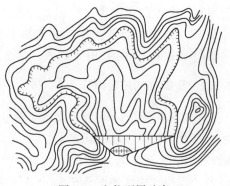

图 4-1　山谷型尾矿库

4.1.1.2　傍山型尾矿库

在山坡脚下依傍山坡三面筑坝围成
的尾矿库，如图 4-2 所示。它的特点是初
期坝相对较长，堆坝工作量较大，堆坝高
度不可能太高；汇水面积较小，排洪问题
比较容易解决。但因库内水面面积一般不
大，尾矿水的澄清条件较差。国内尾矿库
属于这种类型的较少，管理维护相对比较
复杂。

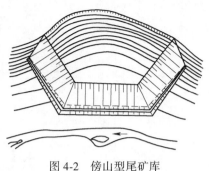

图 4-2　傍山型尾矿库

4.1.1.3　河谷型尾矿库

截断河谷在上下游两面筑坝截成的尾
矿库，如图 4-3 所示。它的特点是尾矿堆
坝从上、下游两个方向向中间进行，堆坝
高度受到限制；尾矿库库内的汇水面积不
太大，但库外上游的汇水面积常很大，库
内和库上游都要设排洪系统，配置较复杂，
规模较大。国内尾矿库属于这种类型的为
数不多，有中条山铜矿尾矿库、西华山钨
矿老尾矿库等。相对于山谷型来说，此型
尾矿库的管理维护比较复杂。

4.1.1.4　平地型尾矿库

在平地上四面筑坝围成的尾矿库，如
图 4-4 所示。其特点是没有山坡汇流，汇
水面积小，排洪构筑物简单；尾矿坝的长
度很长，堆坝工作量相当大，堆坝高度受
到限制一般不高。国内有些尾矿库属于这
种类型，如甘肃金昌金川矿业有限公司、
哈德门及山东一些金矿的尾矿库，管理维护相当复杂。

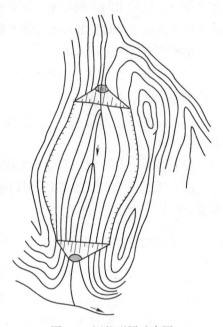

图 4-3　河谷型尾矿库图

4.1.2　尾矿库的库容

尾矿库的库容随着堆积高度的增大而
逐渐增大。在某一堆积标高时，坝顶水平
面 FE 以下，尾矿堆外坡面、初期坝内坡
面 FGA 以内和库底地面 ABE 以上区间所形
成的空间（如图 4-5 中的 $AEFG$ 部分）称

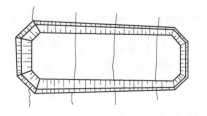

图 4-4　平地型尾矿库

为全库容。它是用来确定尾矿库等别的一个重要指示。根据设计生产年限内选矿厂排出的总尾矿量确定的最终堆积标高时的全库容称为总库容。

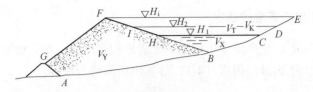

图 4-5　尾矿库库容

全库容可进一步分为有效库容、调洪库容和安全库容几个部分：

（1）有效库容。尾矿沉积滩面 *FB* 以下、尾矿坝外坡面、初期坝内坡面 *FGA* 以内和库底地面 *AB* 以上区间所形成的空间（如图 4-5 中的 *ABFG* 部分）。它是尾矿库实际可容纳尾矿的库容。最终堆积标高时的有效库容称为总有效库容，它表示一个尾矿库最终能容纳的尾矿量。

（2）调洪库容。正常库水位 *HC*、尾矿沉积滩面 *HI* 和地面 *CD* 三者以上，最高洪水位 *ID* 以下区间所形成的空间（如图 4-5 中的 *IHCD* 部分）。它是用来调节洪水的库容。这部分库容在正常生产情况下不允许被尾矿或水侵占。

（3）安全库容。最高洪水位 *ID*、尾矿沉积滩面 *IF* 和地面 *DE* 三者以上，坝顶水平面 *FE* 以下区间所形成的空间（如图 4-5 中的 *FIDE* 部分）。它是为防止洪水漫坝，确保坝的安全预留出的安全储备库容。这部分库容是任何时候都不允许被尾矿或水侵占。

4.1.3　尾矿库的面积-容积曲线

尾矿库库容大小在地形已定的情况下随堆坝高度而变。为了清楚地表示出不同堆坝高度时的库容具体数值，可绘制出尾矿库面积-容积曲线（见图 4-6）。图中的曲线 *H-F* 是高程-库面面积曲线，曲线 *H-V* 是高程-全库容曲线。

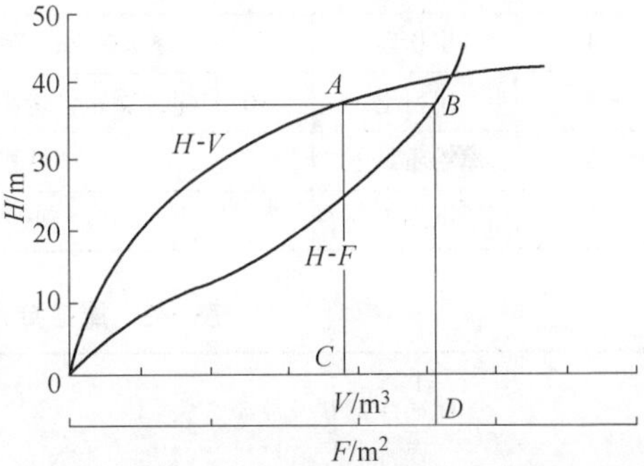

图 4-6 中纵坐标轴代表堆坝标高，

图 4-6　尾矿库面积-容积曲线

横坐标轴代表库面面积 *F* 或库容 *V*。已知堆坝标高，在纵坐标轴上从该标高作水平线，交 *H-V* 及 *H-F* 曲线于 *A* 及 *B* 点，再从 *A* 及 *B* 点向下作垂线，交横坐标轴于 *C* 及 *D* 点，即可由横坐标轴上查出此堆坝高度时的全库容或库面面积大小。反之，如果已知全库容大小，按相反的步骤也可查出坝顶标高。

有面积-容积曲线图中绘出两条库容-高程曲线：一条是上面所讲的 *H-V* 曲

线，即高程-全库容曲线；另一条是 $H\text{-}V_o$ 曲线，即高程-有效库容曲线，从这条曲线上可直接查出某坝顶标高时尾矿库能堆存多少尾矿。

4.1.4　尾矿库堆积高度的确定

要想知道选矿厂生产多少年后尾矿库能堆积到多高，首先要知道选矿厂向尾矿库内排放多少尾矿量，用式（4-1）计算出所需的全库容：

$$V = \frac{W\rho_{\mathrm{g}}}{2.7r_{\mathrm{d}}\eta} \tag{4-1}$$

式中　V——所需尾矿库的全库容，m^3；

W——选矿厂一定时期内排放的尾矿总量，t；

ρ_{g}——原尾矿的干密度，$\mathrm{t/m}^3$；

r_{d}——尾矿平均堆积干重度，$\mathrm{t/m}^3$，可按设计值采用，或根据尾矿颗粒组成参照表 4-1 选用；

η——尾矿库库容利用系数，与尾矿库的形状、尾矿颗粒粗细和放矿方法等因素有关，粗略计算可参照表 4-2 采用。

表 4-1　尾矿平均堆积干重度 r_d

序号	原尾矿类别	分类标准	$r_{\mathrm{d}}/\mathrm{t\cdot m}^{-3}$
1	尾粗砂	>0.5mm 颗粒含量大于 50%	1.45~1.55
2	尾中砂	>0.25mm 颗粒含量大于 50%	1.40~1.50
3	尾细砂	>0.074mm 颗粒含量大于 85%	1.3~1.45
4	尾粉砂	>0.074mm 颗粒含量大于 50%	1.30~1.40
5	尾粉土	>0.074mm 颗粒含量小于 50%，且塑性指数<10	1.20~1.30
6	尾粉质黏土	塑性指数 10~17	1.10~1.20
7	尾黏土	塑性指数>17	1.05~1.10

表 4-2　尾矿库库容利用系数 η

尾矿库形状及放矿方法	尾矿库库容利用系数 η	
	初期	终期
狭长曲折的山谷，坝上放矿	0.30	0.60~0.70
较宽阔的山谷，单面或两面放矿	0.40	0.70~0.80
平地型或傍山型尾矿库，三面或四周放矿	0.50	0.80~0.90

根据所需的全库容 V 值查尾矿库面积-容积曲线，即可查出尾矿堆积标高（见图 4-3）。

反过来说，要想知道尾矿库堆积到某一标高时已装了多少尾矿，可先从尾矿库面积-容积曲线上查出此标高时的全库容，然后用式（4-2）计算出已装尾矿量：

$$W = V \times (2.7r_{\mathrm{d}}\eta)/\rho_{\mathrm{g}} \tag{4-2}$$

4.1.5 尾矿库的等别

一般来说，尾矿库的库容越大，坝高越高，其基建费就越高，失事后对下游可能造成的灾害就越严重，因而其重要性也就越大。

尾矿库的等别体现了尾矿库的重要性，它是根据全库容和坝高两个因素确定的，见表4-3。

表 4-3　尾矿库的等别

尾矿库等别	全库容 V/万立方米	坝高 H/m
一	供二等库提高等别用	
二	V>110000	H≥100
三	1000≤V<10006	60≤H<100
四	100≤V<1060	30≤H<60
五	V<100	H<30

当用库容和坝高两个因素分别确定出的等别相差一等时，尾矿库的等别应按高的确定；当等差大于一等时，则应按高的降低一等确定。另外，如果尾矿库失事会使下游重要城镇、工矿企业或重要铁路干线遭受严重灾害者，尾矿库的等别要提高一等。

由于尾矿库是不断堆坝的，尾矿库的库容和坝高逐渐增大，因此，尾矿库使用后期的等别常较初期或中期高。尾矿库的等别越高，对其安全程度的要求越高，其建、构筑物的设计安全系数越大，排洪标准也越高。

4.2　尾　矿　坝

尾矿坝是尾矿库用来挡尾矿和水的围护构筑物。尾矿坝的坝高一般都较高，多在40m以上，有些高达100~200m甚至更高。用土、石材料一次修建这样高的坝所花费的基建投资十分高昂；另外，选矿厂排出的尾矿本身就可以作为尾矿坝的筑坝材料使用，因此，通常的做法是分期修筑尾矿坝以节省昂贵的基建投资。在选矿厂基建施工中，用当地土、石等材料修筑成的低坝叫做初期坝或基坝，用以容纳选矿厂生产初期1~2年排出的尾矿量并作为堆积坝的排渗及支撑棱体；选矿厂投产后，在生产过程中随着尾矿的不断排入，逐渐用尾矿来沉积加高的坝叫做后期坝或尾矿堆积坝。

尾矿坝有以下常用术语：

（1）初期坝坝高。初期坝坝顶与坝轴线处坝底的高差。

（2）堆坝高度。专指上游式及中线式尾矿坝而言，是尾矿堆积坝坝顶与初期坝坝顶的高差，也叫做堆积高度。

（3）坝高。对上游式及中线式尾矿坝而言为初期坝坝高与堆积高度之和，对下游式尾矿坝而言则为坝顶与坝轴线处坝底的高差。

（4）总坝高。最终堆积标高时的坝高。

（5）子坝。在尾矿沉积滩滩顶部位，用尾矿砂堆筑成的或用水力旋流器沉积成的高度不大的砂堤，用以形成新的库容，敷设尾矿分散管并拦挡尾矿使之不流到坝外。子坝属临时构筑物，以后将成为尾矿沉积滩的一部分。

4.2.1　初期坝

4.2.1.1　初期坝的坝型及特点

初期坝的坝型可分为不透水和透水两大类：

（1）不透水初期坝。用透水性较小的坝料筑成的初期坝。因其透渣性较库内尾矿的透水性差，不利于坝内沉积尾矿的排水固结；当尾矿堆高后，浸润线往往从初期坝坝顶以上的堆积坝坝坡逸出，造成坝面沼泽化，不利于坝的稳定性。这种坝型适用于不用尾矿堆坝或用尾矿堆坝不经济以及因环保要求不能向库外排放尾矿水的尾矿库。不透水初期坝的主要坝型有均质土坝、浆砌石坝、土石混合坝、混凝土坝以及用防渗材料作防渗层的堆石坝等。

（2）透水初期坝。用透水性较好的坝料筑成的初期坝。因其透水性较库内尾矿的透水性强，有利于坝内沉积尾矿的排水固结和降低坝体浸润线，因而有利于提高坝的稳定性。这种坝型是初期坝最基本的也是较理想的坝型。透水初期坝的主要坝型有堆石坝或在不透水坝内加设排渗通道的坝。

A　均质土坝

用粉质黏土等土料筑成的均质坝，属不透水坝型。在坝的外坡脚设有用毛石堆成的排水棱体，以排出坝体渗水。这种坝型对坝基工程地质条件要求较低，是缺少砂石料地区常用的坝型（见图4-7）。

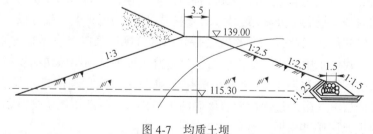

图4-7　均质土坝

　　近年来出现了适于尾矿堆积坝排渗要求的土坝新坝型，即在土坝内通过内坡和坝底修一连续的排渗层，尾矿堆积坝内的渗水可通过此层排到坝外，这样的土坝便成了透水土坝（见图4-8）。

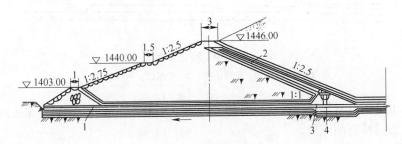

图 4-8　透水土坝

1—导水铸铁管 $D = 250$，$i = 0.01$；2—碎石保护层厚 0.3m，$d_{500} = 3 \sim 0.5$mm 砂厚 0.2m，$d_{50} = 3 \sim 5$mm

砾石厚 0.2m，中间为 $d_{30} = 30 \sim 50$mm 碎石厚 0.4m；3—导水铸铁管 $D = 300$，上部打孔；4—四通

B　堆石坝

　　用开采的毛石或废石场废石堆筑成的坝，属于透水坝型。在坝的上游坡面设有用砂砾料或土工布做成的反滤层和保护层，以防止库内尾矿砂透过坝体漏出坝外（见图4-9）。

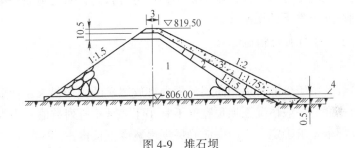

图 4-9　堆石坝

1—$d_{50} = 300 \sim 500$ 堆石坝；2—$d_{50} = 30 \sim 100$mm 碎石过渡层；3—天然河床砂石；4—排水管

　　这种坝型对坝基工程地质条件要求也较低，是目前广泛采用的坝型。当单一石料的数量满足不了要求时，可以采用几种石料来筑坝：将质量较好的石料放在坝体的底部及上游坡一侧（浸水饱和部位）；将质量较差的坝料放在坝体的次要部位（不过水部位）。

C　混合料坝

　　用土料、毛石或废石组合筑成的坝。当坝体工程量较大，而当地又缺乏足够的单一坝料或采用单一坝料不经济时，常采用这种坝型。这种坝型对坝基要求同土、石坝，根据需要可做成透水坝或不透水坝（见图4-10）。

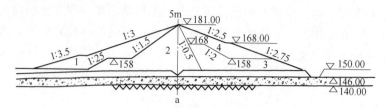

图 4-10　混合料坝

1—中粗砂；2—黏性土料；3—中粗砂；4—风化砂

在土料和石料接触面处应设有用砂砾料或土工布做成的反滤层，以防止坝体土颗粒透过堆石而流失。

D　砌石坝

用开采的块石或条石砌成的坝。这种坝型的坝体强度较高，坝坡可做得比较陡，能节省筑坝石料用量，可用于高度不大的尾矿坝或副坝，但对坝基工程地质条件要求较高，最好是岩石坝基，以免坝基不均匀沉陷导致坝体产生裂缝。干砌石坝属于透水坝坝型，浆砌石坝属于不透水坝坝型。

E　混凝土坝

用埋石混凝土浇筑成前坝。这种坝型的坝体整体性好，强度很高，因而坝坡可做得很陡，筑坝工程量比其他坝型都小，但造价较高，对建造条件要求高，仅适用于个别特殊条件下的尾矿库。

4.2.1.2　初期坝的构造

A　坝顶宽度

为满足敷设尾矿分散管道和向尾矿库内排放尾矿的操作要求，初期坝坝顶应具有一定的宽度。一般情况下坝顶宽度不宜小于表 4-4 所列数值。当坝顶需行车时，还应按行车要求确定。生产中应确保坝顶宽度不被侵占。

表 4-4　初期坝坝顶最小宽度

坝高/m	坝顶最小宽度/m
<10	2.5
10~20	3.0
20~30	3.5
>30	4.0

B　坝坡

坝的内、外坡坡度的确定需通过坝坡稳定计算确定。土坝的下游坡面上应种草皮护坡；堆石坝的下游坡面应干砌较大块石护面。

C 马道

当坝的高度较高时，坝的下游坡每隔 10~15m 高设一宽为 1~2m 的马道（见图 4-11），以利坝的稳定，方便操作管理。

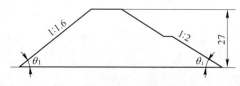

图 4-11　初期坝下游坡马道

D 排水棱体

为排除土坝坝体的渗水和保护坝外坡脚，在土坝外坡脚处设有用毛石堆筑成的排水棱体。排水棱体的高度为初期坝坝高的 1/5~1/3，顶宽为 1.5~2m，边坡坡比为 1:1~1:1.5。

E 反滤层

为防止渗透水将尾矿或土等细颗粒物料通过堆石体等粗颗粒物料带出坝外，在土坝坝体与排水棱体接触面处以及堆石坝的上游坡面处或与非岩基的接触面处都设有反滤层。

早期的反滤层采用砂、砾料铺筑，由符合颗粒级配要求的砂、砾、碎石或卵石等层组成，由细到粗顺水流方向铺筑。反滤层上再用毛石护面。因对各层物料的颗粒级配、层厚和施工要求很严，反滤层的施工质量往往难以达到要求，常造成在使用中失效。现普遍采用土工布（又称无纺土工织物）作反滤层。在土工布的上下用粒径符合要求的碎石层作过渡层，并用毛石护面。土工布反滤层施工简单，质量易保证，使用效果较好，造价也不高。

F 排水沟

为防止由坝坡或山坡坡面汇集的雨水冲刷坝体，一般在坝的马道内侧及坝面上或坝坡与山坡的交线处修筑排水沟截水及排除雨水。

4.2.2 后期坝

后期坝的筑坝方式有上游式、下游式和中线式三种，其基本构造型式是一样的。

以上游式筑坝为例，上游式筑坝法是向初期坝上游方向冲积尾矿加高坝的筑坝工艺。当尾矿库内的尾矿充满至坝顶时，在距坝顶一定距离外的尾矿沉积滩上就地挖尾矿，沿坝轴线方向堆筑子坝，形成新的库容。将放矿管移到子坝坝顶继续放矿充填。当库内尾矿充满至子坝坝顶时，再进行下一级子坝的堆筑。如此按一定的边坡坡度逐渐向库内方向推进，直至最终堆积高程（见图 4-12）。

4.2.2.1 坝顶

坝顶宽度根据施工、管道铺设、是否行车等要求而定，一般不小于 2m。坝顶应铺一层土或碎石以防雨水冲刷。

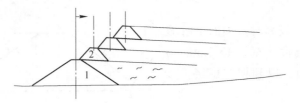

图 4-12　上游式筑坝
1—初期坝；2—子坝

4.2.2.2　坝坡

坝坡平均坡度应严格按设计要求实施，不能过陡或过缓，应防止出现下陡上缓的凸面。上一级子坝的外坝脚应自下一级子坝的坝顶内缘起始，即保留每级子坝的轮廓，以便于操作管理。坡面上也应铺土或碎石护坡，以防雨水冲刷坝坡面及风沙污染环境。

4.2.2.3　马道

下游坝坡上每隔 10~20m 高差设一道马道，其最小宽度为 3~5m。

4.2.2.4　截水沟与排水沟

沿坝坡同山坡的交界线设浆砌块石截水沟，以防山坡汇流雨水冲刷后期坝坝坡脚，此截水沟与初期坝的截水沟相连接。在每层马道的内侧也应设砌块石或混凝土纵向截水沟，沿截水沟每隔 30~50m 设横向排水沟，将水引到坝坡脚以外（见图 4-13），以防雨水冲刷坝面。

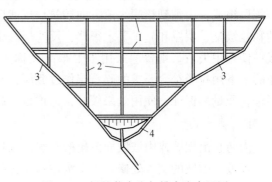

图 4-13　坝的截水沟与排水沟布置图
1—横向截水沟；2—纵向排水沟；
3—坝脚截水沟；4—排水沟

4.3　尾矿坝稳定性的概念

尾矿坝稳定性计算对于确保坝的安全运行十分重要。但计算要依据大量的基础资料，因此，需对尾矿坝进行全面的工程地质勘查，取得坝体各部位的物理力学性质资料和地下水资料。计算工作极其繁复，工作量极大，手工计算费时费力，且易出差错，现均用计算机完成。作为一名操作管理者，虽不需要自己进行计算，但也应对坝的稳定性主要概念有所了解，以便能更好地进行安全管理。

4.3.1 尾矿坝坝坡破坏的一般形态

尾矿坝坝坡抗滑稳定性达不到要求时，坝坡就会发生滑动破坏，有时还会带动坝基土体一起滑动（见图4-14）。

根据对坝的大量破坏实例所进行的分析研究发现，坝坡滑动整体形状对于均质黏性土坝多呈圆弧形；对于非黏性砂石料坝多呈曲折线形；当坝内含有大面积

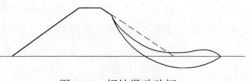

图4-14　坝坡滑动破坏

的厚层细泥夹层，或滑弧通过坚硬岩层时，滑动面的形状就比较复杂，为圆弧和拆线的组合面（见图4-15）。对于既为砂性又含有多层细泥夹层的尾矿坝来说，滑动面多用圆弧面近似。在坝的设计图上，一般均给出滑动面的形状。

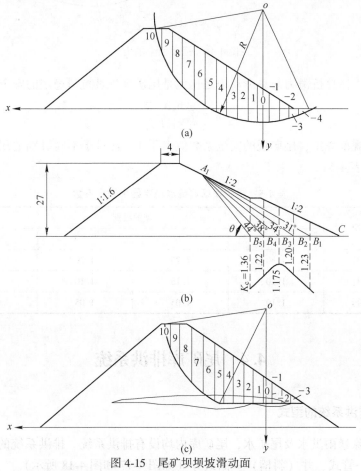

图4-15　尾矿坝坝坡滑动面

（a）坝坡圆弧滑动；（b）坝坡折线滑动；（c）坝坡组合面滑动

4.3.2　尾矿坝坝坡稳定的安全系数

　　将坝坡滑动土体按一定的宽度分条并编号（以过滑弧圆心白垂线为中线，作为第一条的位置，为 0 号土条，编号向上游为正向下游为负），则每条土体上有使土体向下滑动的滑动力（土条重量沿滑动面的法向分力），有阻止土条向下滑动的抗滑力（土体滑动面间的摩擦力、黏性土的黏聚力等），如图 4-16 所示。

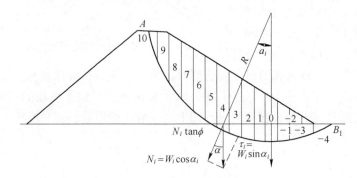

图 4-16　滑动面上的力

　　滑动土体总抗滑力与总滑动力之比就是尾矿坝坝坡抗滑稳定的安全系数 k：

$$k = \frac{总抗滑力}{总滑动力}$$

　　设计规范规定，尾矿坝的安全系数应大于 1，且对于不同级别的尾矿坝要求不同（见表 4-5）。

表 4-5　尾矿坝坝坡抗滑稳定最小安全系数

运用情况	坝的级别			
	1	2	3	4、5
正常运行	1.30	1.25	1.20	1.15
洪水运行	1.20	1.15	1.10	1.05
特殊运行	1.10	1.05	1.05	1.00

4.4　尾矿库排洪系统

4.4.1　排洪系统的型式

　　为排除暴雨洪水及尾矿水，尾矿库内均设有排洪系统。排洪系统的型式有井（斜槽）—管式、井（斜槽）—洞式等（如图 4-17 和图 4-18 所示）。

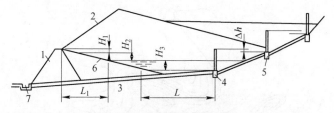

图 4-17 井—管式排洪系统

1—初期坝；2—堆积坝；3—排水管；4—第一个排水井；5—后续排水井；6—尾矿沉积滩；7—消力池
H_1—安全超高；H_2—调洪高度；H_3—蓄水高度；Δh—井筒重叠高度；L_1—沉积滩干滩长度；L—澄清距离

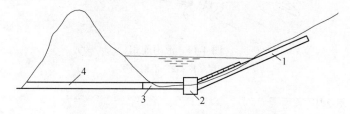

图 4-18 井—洞式排洪系统

1—斜槽；2—结合池；3—连接管；4—隧洞

4.4.2 洪水计算及调洪演算的有关概念

4.4.2.1 尾矿库的防洪标准

不同库容量和不同坝高的尾矿库，失事后对下游生命财产通成灾害的严重程度也不相同。因此，设计规范对不同等别的尾矿库规定了不同的防洪标准（见表4-6）。

表 4-6 尾矿库防洪标准

尾矿库的等别		一	二	三	四	五
洪水重现期 /年	初期			100~200	50~100	30~50	20~30
	中、后期	1000~2000	500~1000	200~500	100~200	50~100

4.4.2.2 暴雨洪水计算

暴雨洪水计算的方法很多，计算需要的资料和数据较多，也比较繁复。不要求尾矿库操作管理人员掌握暴雨计算方法，但对某些概念应有所了解。

A 汇水面积

汇雨面积又叫汇水面积，是尾矿库周边山脊分水岭和尾矿坝坝轴线（对于后期坝而言，则为滩顶）所围的面积（见图 4-19），可从地形图上用求积仪量出，或用透明方格纸数格量出降在此面积内的暴雨形成尾矿库内的洪水。

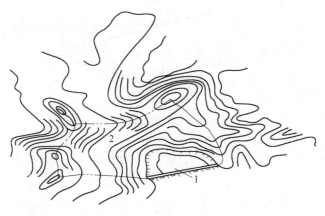

图 4-19　汇雨面积

1—尾矿库；2—汇雨面积

B　最大 24h 降雨量

根据气象站自记雨量计的记录，可统计出历次 24h 降雨量，它比日降雨量稍大一些。一年中历次 24h 降雨量的最大值称为年最大 24h 降雨量。历年年最大 24h 降雨量中的最大值称为最大 24h 降雨量。历年年最大 24h 降雨量的平均值称为年最大 24h 降雨量均值，是暴雨洪水计算中的重要数据。这些数据都可以从当地水文手册中查到。

C　暴雨频率

将历年年 24h 最大降雨量按由大到小的次序排列，即可按数理统计公式计算出各次暴雨的频率，用百分数表示。它表示在 100 年内可能出现的次数，如频率 2% 就表示在 100 年内可能出现 2 次，也就是 50 年出现一次，其重现期为 50 年。又如频率 0.1% 表示 100 年内可能出现 0.1 次，也就是 1000 年出现一次，其重现期为 1000 年。

对于尾矿库来说，通常把暴雨频率和洪水频率视为一致，如 100 年一遇暴雨产生 100 年一遇洪水。这样，尾矿库防洪标准确定之后，就可按暴雨频率从水文手册上查出设计暴雨量。

D　径流系数

降落在尾矿库汇雨面积内的一场暴雨，一部分水量渗入地下，一部分水量被植物的干茎枝叶截留，一部分水量滞留在地面的坑凹里，其余的水量在地面上形成径流，汇集于尾矿库内形成洪水。形成洪水的水量与降水量之比就是径流系数。

E　洪水总量

一场暴雨在尾矿库内所汇集的径流总量，可按式（4-3）计算：

$$Q = 1000aHF \tag{4-3}$$

式中 Q——洪水总量，m^3，有 1 日、3 日和 7 日之分，尾矿库设计洪水多用 1
日洪水总量；

a——暴雨径流系数，根据地表岩土类别和植被情况的不同在 0.7~0.95
之间变化；

H——设计暴雨量，mm，尾矿库洪水设计多用 24h 暴雨量；

F——尾矿库的汇雨面积，km^2。

F 洪峰流量

暴雨在尾矿库流域内形成的地表径流最终要汇集到尾矿库流域出口断面并排
往下游，排出量随时间而变，先由小到大再由大到小。排出量的最大值即为洪峰
流量。国内计算尾矿库小流域洪峰流量均采用水利部门的简化推理公式进行。

G 调洪演算

当尾矿库的调洪库容足够大，可以容纳得下一场暴雨的洪水总量时，问题就
比较简单，先将洪水装起来再慢慢排出，排水构筑物可做得最小，工程费用最
低；当尾矿库没有调洪库容时，问题也比较简单，洪水来多少排多少，排水构筑
物要做得最大，工程费用最高。一般情况下，尾矿库都有一定的调洪库容，但不
足以容纳全部洪水，在设计中要充分利用这部分调洪库容来进行洪水调节，以便
减小排水构筑物的尺寸，节省工程费用。为进行洪水调节所做的计算就是调洪
演算。

4.5 排水构筑物

尾矿库常用的排水构筑物有排水井、排水斜槽、排水管、排水隧洞、溢洪道
和截洪沟等。除了溢洪道和截洪沟外，其余构筑物都逐渐被厚厚的尾矿所覆盖，
承受很大的上覆荷载。因此，除在设计上应保证它有足够的强度外，对施工质量
的要求也很严格。

4.5.1 排水井

排水井是排水系统的进水构筑物，由井基、井座和井筒三部分组成，有窗口
式、框架式、叠圈式和砌块式等几种类型。排水井多用钢筋混凝土浇筑成，高度
一般为 10m，在特殊情况和地形条件下也可做得高一些。为了节省工程费用，排
水井的井筒均设计成临时性的，也就是说当排水井被尾矿淹没后，井筒允许被
压坏。

4.5.1.1 窗口式排水井

排水井的直径一般为 1~2m。在井筒上每隔 1m 左右的高度差开有 4~8 个圆

窗口（见图 4-20），用以排水。窗口孔径为 0.2~0.3m。排洪时，同时使用的窗口层数可为 1~3 层，根据设计要求而定。当尾矿库水位升高，不再用底层窗口排水时，可用包土工布的木塞或混凝土塞将其封堵。此式排水井操作简单，但排水口小，适用于洪水量不大的尾矿库。

4.5.1.2　框架式排水井

排水井一般做成圆形，直径为 2~5m，必要时还可做得更大；有些排水井做成方形或矩形。在井台上浇筑有由多根立柱和横梁组成的框架。立柱间距 1m 左右，断面形状为 T 形，横梁间距为 2m 左右，如图 4-21 所示。

框架间的空间就用来排水。当尾矿库水位升高，不再用下层空间排水时，就可将挡板（圆井为弧形梁，方井为直梁）放在两立柱间加以封堵。由于 T 形立柱腹板两侧和梁板两端面都带有斜度，因此，所受水压越大封堵得越严。此式排水井排水孔很大，因此排水能力很大，多用于洪水量很大的尾矿库排洪。

4.5.1.3　叠圈式排水井

叠圈式排水井在施工时只做井座以下部分，井筒留在生产过程中完成。随着尾矿库水位的升高，将事先预制好的井圈逐渐叠放到井座上的井筒部位而叠成井筒。尾矿库内的水由井筒上沿溢流至井内。

由于井圈质量受吊装能力的限制，井的直径和井圈高度都不能太大，一般井的直径为 1~1.5m，井圈高度为 0.2~0.3m，因此，此式排水井适用于排洪量不太大的尾矿库。

4.5.1.4　砌块式排水井

砌块式排水井的修筑过程同叠圈式排水井基本上一样，只是改用小的砌块来代替叠圈。砌块按井的直径做成弧形，一般高度为 0.2~0.5m，长度为 0.5~1m。井的直径不受吊装能力的限制，可以做得很大。由于井筒分块太多，精度要求比较严格，施工比较困难。为了加强井的整体性，井筒需每隔 0.5~1m 加一个钢箍，同时应做好砌缝的防漏止水。此式井适用于洪水量比较大的尾矿库排洪。

4.5.2　排水斜槽

沿山坡筑成的排水槽，断面为矩形，宽度一般为 1m 左

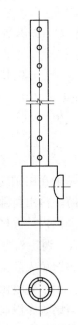

图 4-20　窗口式排水井

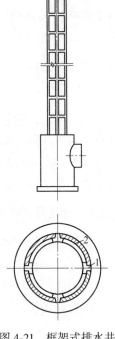

图 4-21　框架式排水井
1—T 形断面立柱；
2—井筒弧形梁板

右，高度宜大于宽度，排水量较大时可做成双槽式。随着尾矿库水位的升高，斜槽逐渐加盖板封闭。斜槽盖板上将覆盖很厚的尾矿，所受土压力和水压力很大，因此盖板厚度很厚。盖板可做成平板或圆拱形板，后者受力条件好，可做得稍薄一些。

尾矿库的水由盖板上沿和两侧槽壁溢流至槽内。因溢流沿较长，斜槽的排水量较大，适用于排洪量中等的尾矿库排洪。

4.5.3 排水管

排水管是排水系统的输水构筑物，埋设在尾矿库的底部，其首端与排水井相接，尾端穿过坝体与下游排水明渠相连。排水管上部覆很厚的尾矿，承受很大的土压力和外水压力，多用钢筋混凝土在现场浇筑，管壁厚度往往很厚，配筋很密，管基也很庞大。其断面形状有圆形、方形和城门洞形等，圆形断面受力条件较好，可降低工程造价，因此采用的较多。几种带管基排水管的外部断面形状如图 4-22 所示。

图 4-22　排水管外部断面形状

为适应地基的不均匀沉陷变形，排水管均分段浇筑，分段长度为 4~8m，在分缝处设有止水带。有的尾矿库尾矿坝高度不高，土压力和外水压力不大，排水管采用浆砌块石砌筑，或下半部用浆砌块石，上半部用钢筋混凝土拱盖板组合构成。

4.5.4 排水隧洞

选择有利山体地形开凿隧洞排水，常可比排水管节省工程费用。在稳固的岩石中开挖隧洞可不衬砌（但要用光面爆破开挖），或只需喷混凝土护面；在不太稳固的岩石中开挖隧洞则需用混凝土或钢筋混凝土衬砌，衬砌厚度及配筋经计算确定。

隧洞的断面形状对无压隧洞多用城门洞形，对有压隧洞宜用圆形或马蹄形（见图 4-23）。无压隧洞在最大排水量时水也不可充满整个断面，应留有 20%~30% 的空间。为了防止洞内产生真空气蚀，有的排水隧洞内设有通气管，与外部连通。

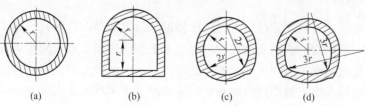

(a)　　　　　　(b)　　　　　　(c)　　　　　　(d)

图 4-23　隧洞断面形状

(a) 圆形；(b) 圆拱直墙式；(c) 马蹄形 ($R=2r$)；(d) 马蹄形 ($R=3r$)

隧洞进口至排水井用一段短的排水管相连接，隧洞出口接消力池与排水渠相接。

4.5.5　溢洪道

溢洪道有正堰式和侧槽式两种，其排水能力大，适用于洪水流量大的尾矿库排洪。溢洪道可分为三段：进口段、陡坡段和下游段（见图4-24）。在陡坡段的末端设消力池以削减水流的能量，防止剧烈冲刷下游渠道。

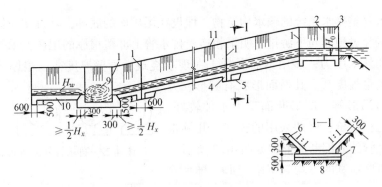

图4-24　溢洪道纵断面图

1—接缝（用10~20mm厚沥青板填充）；2—进口段平顶堰；3—八字形进水口；4—阻滑齿墙
（间距10~15m）；5—排水设施；6—混凝土或浆砌块石护面；7—排水设施（150mm圆陶管）；
8—350mm厚碎石和150mm厚粗砂层；9—消力池；10—出口段海漫；11—陡坡段

作为尾矿库运行过程中使用的排洪构筑物，必须随尾矿坝的加高梯级向高处开挖新的溢洪道，不仅土石方开挖量大，施工困难，管理复杂，工程造价也很高。因此，国内采用溢洪道排洪的尾矿库除中条山公司胡家峪铜矿毛家湾尾矿库等少数几例外，为数不多。作为尾矿闭库后使用的永久性排洪构筑物，选择合适的库区周边低凹山脊开挖溢洪道则有其优越性，线路长度常较短，工程量小、造价较低，维护管理也简单。

4.5.6　截洪沟

在地形条件有利或经过技术经济比较论证设置截洪沟合理时，尾矿库可以设置截洪沟。截洪沟的作用是截住沟以上汇水面积的暴雨洪水，减少入库水量。因此，它只是起辅助排洪的作用，而不能取代尾矿库的排洪构筑物。截洪沟沿尾矿库最终使用标高以上的周边山坡布置，末端接排水沟将所截水经坝的一侧或两侧引至坝下游，如图4-25所示。截洪沟的断面可顺水流方向由小逐级变大，以节省土石方开挖量。

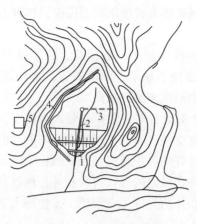

图 4-25　截洪沟布置图

1—尾矿坝；2—排水管；3—排水斜槽；4—截洪沟；5—选矿厂

4.6　尾矿库的操作、管理与维护

4.6.1　尾矿库的操作

4.6.1.1　尾矿排放

提高尾矿排放作业的质量是尾矿库操作管理的主要任务之一。冲积法筑坝作业沿坝长至少分三段进行：一段作为冲积段，一段作为干燥段，一段作为准备段，三段交替作业（见图4-26）。在冲积段内连续打开3~5个或更多的放矿支管作为一组（根据放矿主管和支管断面面积的比例和矿浆量大小确定）进行放矿，并不断改变放矿段的位置，使放出尾矿向库内水区流动的路径平直稳定。

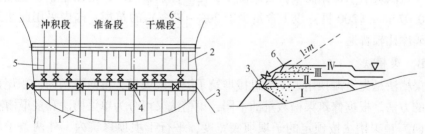

图 4-26　冲积法筑坝（Ⅰ~Ⅳ为冲积顺序）

1—初期坝；2—子坝；3—矿浆管；4—闸阀；5—放矿支管；6—集中放矿管

在实践中，有的山谷型尾矿库，大部分放矿集中在尾矿管道上坝一端（近端）进行，远端则放矿较少。这样，一方面造成坝顶高度不一致，近高远低；另一方面远端坝前沉积的尾矿多为较细颗粒的尾矿，物理力学性质显著降低，导致远端坝体成为薄弱环节。

有的尾矿库长时间不改变放矿口的位置，放矿口下形成一堆堆孤立的高砂丘，尾矿向水区流动的路径不稳定，回流曲折，水洼滞留，甚至沿坝顶方向横流，导致坝前沉积尾矿中形成多层细泥夹层。

有的尾矿库采用坝上独管放矿，放矿流量大且集中，加大了在滩面上的流动速度，导致沉积滩的坡度变缓，不利于尾矿库的调洪。沉积滩的形成质量体现着放矿作业的质量。质量良好的沉积滩应是尾矿颗粒沿滩长分级明显，滩面平整无坑洼回流且均衡上升，冲积段内的滩长大致相等，也就是说库内水边线近于与滩顶平行，这样的尾矿沉积体内含细泥夹层较少，物理力学性质较好。

4.6.1.2 子坝堆筑

上游式后期坝的筑坝方法是通过修筑子坝和冲积尾矿的循环作业来实现的。子坝的筑坝方法有堆筑法、渠槽法、池填法和旋流器法等。

A 堆筑法

堆筑法是沿滩顶用人工或推土机直接堆筑子坝的方法。子坝高度通常不高，一般为 1~3m，根据要求的库内尾矿上升速度和子坝施工方法而定。顶宽为 2~3m，视操作和行车要求而定。内、外边坡坡度为 1：(1.5~2.0)。堆筑的子坝应用机械或人工压实，坡面应平整。在有防风沙要求的地方还应在子坝外坡上设置护坡，如图 4-27 所示。

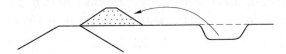

图 4-27　堆筑法筑子坝

堆筑法筑子坝操作简单，管理方便，尾矿冲积较均匀，适用于中、粗颗粒尾矿（0.074mm（200 目）以下含量少于 70%~85%）的筑坝。国内采用此法筑坝的尾矿库比较普遍。

B 渠槽法

渠槽法是先沿滩顶用人工或机械堆筑子堤形成渠槽，再向渠槽内冲积尾矿筑子坝的方法。根据修筑渠槽数量的不同，渠槽法又可分为单渠槽法和多渠槽法：

（1）单渠槽法按预定的子坝坝底宽度，平行于坝顶修筑内、外两条子堤形成一条渠槽。子堤高度为 0.5~1.0m，顶宽为 0.5~1.0m，边坡坡度 1：1 左右。由槽的一端向槽内分散放矿（矿量小时也可集中放矿），粗颗粒沉积于槽内，细泥部分则随水一起由槽的尾部排入尾矿库内。当槽内沉积尾矿升高到子堤顶时，即停止放矿进行干燥，然后，再筑两侧子堤形成上一层渠槽，继续放矿、冲积，直至筑成预定高度的子坝，如图 4-28 所示。

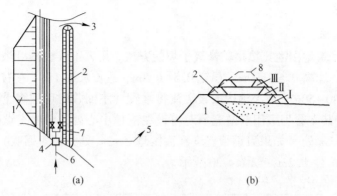

图 4-28　单渠槽法筑子坝

1—初期坝；2—小堤；3—溢流口；4—分级设备；5—放矿管；
6—矿浆管；7—粗砂放矿管；8—子坝筑成轮廓

（2）多渠槽法筑坝过程与单渠槽法大体相似，只是修筑的子堤数量较单渠槽法多，形成多条渠槽，每次筑成的子坝坝体比较宽厚，如图 4-29 所示。

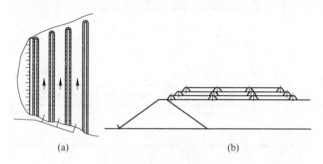

图 4-29　多渠槽法筑子坝

（a）平面图；（b）断面图

渠槽法筑子坝可在较短时间内筑成较高或较宽的子坝，因此，适用于需要快速加高或加宽子坝的场合。例如，为防洪需要在汛前用多渠槽法快速筑成低而足够宽的子坝，以满足调洪库容和干滩长度两方面的要求。

渠槽法用人工或机械修筑子堤的工作量较大，但子坝坝体的大部分是用沉积尾矿自然冲积而成，因而可节省子坝筑坝总费用。渠槽可对尾矿进行粗略的分级，使较粗颗粒尾矿沉积在槽内（坝前附近），而将较细颗粒矿泥排入库内（远离坝顶）。但由于尾矿从渠槽的一端排入，从另一端排出，流程较长，渠槽末端易沉积较细颗粒尾矿，致使沿坝长筑成的子坝质量不均，坝的末端往往成为薄弱环节。

国内采用此法筑坝的矿山也有一些，如云锡公司黄茅山矿尾矿库、广东石人嶂矿尾矿库等。

C 池填法

池填法是筑埝围池充填尾矿修筑子坝的方法。用人工或机械沿坝长修筑连续的小池围埝，埝高 0.5~1.0m，顶宽 0.5~0.8m，边坡坡度 1：1 左右。小池近似方形，边长 30~50m，在小池内安设溢流排水管（不回收时可用陶土管，回收时可用钢管），其立管当采用双向充填时可设在围埝中心处，单向充填时可设在离里侧围埝 2~3m 处（如果用钢管宜设在离围埝 2~3m 处，便于回收），溢流管管口低于埝顶 0.1~0.2m，如图 4-30 所示。

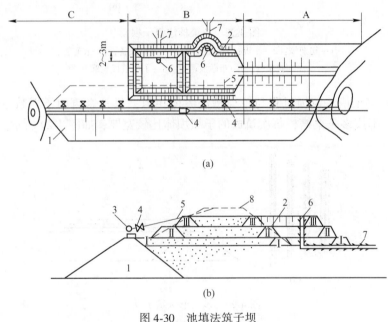

(a)

(b)

图 4-30　池填法筑子坝

（a）平面图；（b）断面图

A—干燥段；B—筑坝段；C—准备段

1—初期坝；2—围埝；3—矿浆管；4—放矿口阀门；5—放矿支管；

6，7—溢流口及溢流管（可采用其中一种）；8—子坝

在埝顶铺设尾矿分散管向池内放矿充填，尾矿中的细颗粒随水流一起由溢流管排至库内；粗颗粒沉积在池内。当池内尾矿充填至埝顶时，停止放矿进行干燥，干燥一段时间以后，再在其上围筑围埝，重复上述作业，直至达到要求的子坝高度。

池填法的池子长度较短，尾矿流动路径短，因此稍微可改善渠槽法尾矿粒度粗细沿坝长分布不均的缺点，但难以彻底消除在池内分布不均的缺点。

D 旋流器法

旋流器或旋流器组台车安放在初期坝坝端一侧山坡上的轨道上，其距坝顶的设置高度根据一次需堆积的子坝高度而定，通常可为3~5m，如图4-31所示。旋流器工作时，对尾矿进行分级，分级出的含有粗颗粒尾矿的极高浓度矿浆直接由排矿口排向台车前进方向沉积；含有细颗粒尾矿的稀矿浆则由溢流口用橡胶管引到库内。当沉积体达到稍高于预定的高度后，用人工平整顶部，向前接长铁轨（后面的铁轨可拆移倒用），前移台车，继续分级放矿。随着台车的前进，在台车后方自然形成一道边坡很陡的子坝。

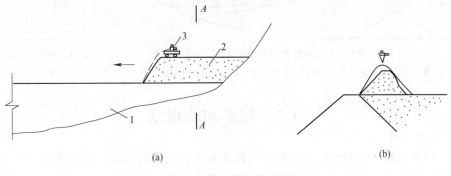

图4-31 旋流器法筑子坝

（a）纵断面；（b）横断面

旋流器法一次可堆积成较高的子坝，堆成的子坝坝体含细泥少，质量较好，但筑坝工艺较复杂，当尾矿颗粒较细时，可采用此法。国内采用此法筑坝的实例较少，有湖南柿竹园野雉尾矿库等。

4.6.2 尾矿库排洪

确保尾矿库的排洪能力和排水通畅是尾矿库安全管理的最主要任务之一。在每年洪水季节来临以前，尾矿库必须按设计要求留出调洪库容，也就是控制住正常库水位。如果在枯水季节为确保选矿生产用水，尾矿库存有过多的蓄水，则在洪水季节来临之前，必须打开排水井的排水窗口或排水斜槽的盖板，迅速降低库水位。

尾矿库排洪设计中常按一定的沉积滩坡度（如1%）确定调洪高度和调洪库容。沉积滩的干滩长度对调洪库容有很大的影响，干滩长度越长，调洪库容越小，如图4-32所示。因此，当实际的沉积滩干滩长度比设计值有较大增加时，应通过调洪演算重新确定所需的调洪高度。

当排水井需要封井时，应进入井内，在井座上口处浇筑盖板，如图4-33所示。严禁在井筒上口封井。

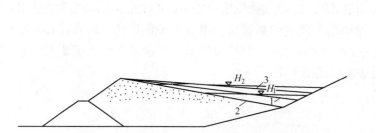

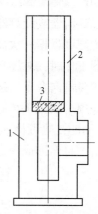

图 4-32　尾矿沉积滩坡度对调洪库容的影响

1—设计的沉积滩坡度；2—陡的沉积滩坡度；3—缓的沉积滩坡度

图 4-33　排水井封井

1—井座；2—井筒；3—封井盖板

4.7　尾矿坝的观测

　　尾矿库投入运行后，将受到自然因素和人为因素的影响，尾矿坝的工作状况在不断地变化。为了及时掌握其变化情况，取得第一手资料，更合理地使用和管理好尾矿库、坝，使隐患得到及时处理，防止发生事故，必须重视尾矿坝的观测工作。

　　尾矿坝的观测的一部分工作内容可用肉眼进行，如观察坝坡有无明显变形、塌坑、沼泽化、渗水、裂缝及蚁穴鼠洞等。对于重要的尾矿坝，要进行更精细的观测则必须借助仪器设备完成。

4.7.1　坝体水平位移观测

4.7.1.1　视准线法

　　视准线法适用于轴线为直线的坝的观测，是目前观测尾矿坝位移的一种常用方法。在坝端两岸山坡上设置工作基点 A 和 B，如图 4-34 所示。

　　将经纬仪安置在 A（或 B）点上，后视 B（或 A）构成视准线，以此作为坝体水平位移观测的基准线。沿视准线在坝体上每隔适当距离埋设水平位移观测标点，如 a、b、c 等，

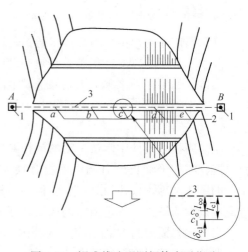

图 4-34　视准线法观测坝体水平位移

测出并记录下各观测标点中心偏离视准线的距离作为初测成果。当坝体发生水平位移后，各观测标点与视准线的相对位置发生变化。测出标点中心新的偏离距离，与初测成果相比较即可得出坝体的水平位移量。

观测标点设于坝体表层，选择有代表性的且能控制主要变形情况的断面，如最大坝高断面、合拢段、有排水管通过的断面以及地基工程地质变化较大的地段布置观测横断面。一般在坝顶布设一排，在下游坡面布设2~3排，每排测点间距为50~100m，如图4-35所示。

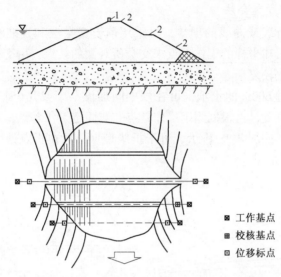

⊠ 工作基点
⊞ 校核基点
□ 位移标点

图 4-35　坝体横断面上水平位移观测标点的布置

观测标点由底板、立柱和标点头三部分组成，可视坝面结构和现场条件按图4-36 或图4-37 所示的型式选用。观测标点的上部结构与使用的觇标有关。若使用

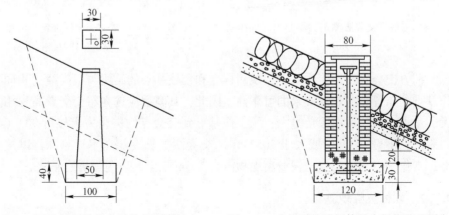

图 4-36　无护坡坝体的水平位移观测标点　　　图 4-37　有块石护坡坝体的水平位移观测点

简易的活动觇标，标点顶部只需埋设一块刻有十字线的钢板；若使用精密活动觇标，则需埋设专用上部结构。

工作基点应设在每排观测标点延长线两端的山坡上，要求地基坚固，并尽可能远离坝的承压区和易受震动的地方。若必须设在土基上时，应设置较深而坚固的基础。为了校测工作基点，可在视准线两端延长线上各设一校核基点，也可在每个工作基点附近设两个校核基点，使两校核基点与工作基点的连线大致垂直。用钢尺量测其间的距离来检测工作基点是否发生变位。

4.7.1.2　前方交会法

对于轴线为折线或曲线的坝体，可采用前方交会法和视准线法配合进行测量。利用两三个已知坐标的工作基点来交会所观测的某点，由交会角算出某点的位置，计算工作比较复杂。

对于长度超过 600m 的土坝，可在坝中间加设一个或几个非固定工作基点，用交会法测定其位置，再根据固定工作基点和非固定工作基点，用视准线法观测各标点的位移量，如图 4-38 所示。对于折线型坝，可在折点处增设非固定工作基点（如图 4-39 所示）。

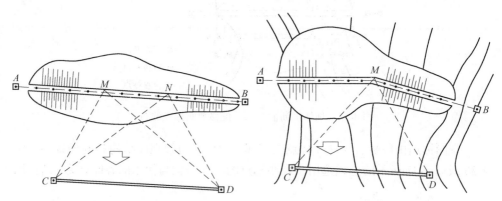

图 4-38　用前方交会法测定长坝非固定工作基点　　　图 4-39　用前方交会法测定折线型坝非固定工作基点

前方交会法所用工作基点、观测标点和校核基点的结构与视准线法相同。工作基点的布置影响观测成果的可靠性，因此，其高程应选在与交会点高程相差不大的地点，以免视线倾角过大；两工作基点到交会点的夹角力求接近 90°（条件限制时也不得小于 60°或大于 105°），两交会线的长度相差不能悬殊，以减少误差；工作基点到交会点的视线离地物需在 1.5m 以上，以免受折光影响。

4.7.2　坝体沉降观测

坝体沉降用水准测量方法进行观测。在两岸不受坝体变形影响的部位设置水准基或起测基点，在坝体表面布设垂直位移标点。定期进行水准测量测定坝面垂直位移标点的高程变化，即为该点的垂直位移量。

用水准测量法观测坝的沉降，一般采用三纺点位（水准基点、起测基点和位移标点）两级控制（由水准基点校测起测基点，由起测基点观测垂直位移标点）。若坝较小，也可由水准基点直接观测。有的堆石坝垂直位移量很小，要求精度较高，可用连通管法进行观测效果较好。垂直位移观测应与水平位移观测配合进行，统一分析。因此，二者应布设在同一个测点上。

土石坝的位移观测除上述几种方法外，测斜仪和沉降仪逐步得到推广应用。如铜陵有色金属公司狮子山矿杨山冲尾矿坝采用 CX-56 型高精度钻孔测斜仪及 CFC-40 型分层沉降仪分别监测坝体的水平位移和垂直位移，性能稳定，测值可靠，但一次性投资较大，易受外界干扰。因此，观测仪器应根据尾矿坝的实际情况酌情选用。

土石坝的位移观测，初期每月进行一次，当坝的变形趋于稳定时，可逐步减为每季一次。但遇下列情况时，应适当增加测次：地震以后或久雨、暴雨之后，变形量显著增大时，渗水情况显著变坏时，库水位超过最高水位时，在坝体上进行较大规模施工之后。

4.7.3　坝体固结观测

土坝的垂直位移观测可掌握坝体和坝基的总体沉陷量。为了分析坝体变形，还需要测出坝基的沉陷量，总沉陷量减去坝基沉陷量才是坝体在荷重作用下的总沉陷（固结）量。每米厚土层的固结量随土层在坝体内的位置而变：坝体上部土层荷重较小固结量也小；下部土层荷重较大，固结量也大。因此，还要测出不同高程的沉陷量，以了解坝体分层固结量。为此，要在坝体同一平面位置的不同高程上设置测点。

固结观测测点的布置应视尾矿库的规模和重要性、坝的结构型式和施工方法以及地质地形等情况而定，一般应布置在老河床、最大坝高断面、合拢段以及要进行固结计算的断面内。在重要的土坝中：可在最大坝高处埋设一根（组）固结管。对于较长或地质条件较复杂的土坝，可酌情增设。每根（组）固结管的测点间距应根据土的特性和施工方法而定，一般为 3～5m。最低测点应置于坝基面上，如图 4-40 所示。

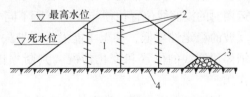

图 4-40　固结观测测点布置图
1—坝身；2—横梁式固结管；
3—反滤设施；4—清基线

4.7.4　坝体孔隙水压力观测

孔隙水压力测点的布置需根据坝的大小、重要性、结构型式、地形地质以及施工方法而定。一般在最大断面、合拢段等处选择两个以上横断面进行布置。在每个横断面的不同高程上，水平地布置几排测点。排与排高差约为 5~10m，测点间距为 10~15m。在坝坡稳定分析的滑弧区和靠近坝基的部位，可增设一些测点。一般每个测压断面上不少于 3 排，每排不少于 3 个测点，并以能测出横断面内孔隙水压力等压线为原则进行布置，如图 4-41 所示。

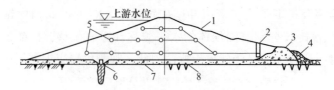

图 4-41　均质坝孔隙水压力测点布置图
1—坝坡；2—观测井；3—栈台；4—排渗棱体；5—孔隙水压力计埋设点；
6—截水墙；7—排渗褥垫；8—坝基

孔隙水压力测定的工作原理为：孔隙水压力经透水石传入承压腔，作用于承压膜中心。薄膜受压后产生变形，引起固定在薄膜上的钢弦伸缩，从而使钢弦的自振频率随之改变。用频率仪测出频率的变化值，再经换算即可得出孔隙水压力值。

4.7.5　坝体浸润线观测

尾矿库建成放矿后，由于水头的作用，坝体内必然产生渗流现象。水由上游渗向下游形成一个逐渐降落的渗流水面，称为浸润面。它在土坝横断面上显示为一条曲线，称为浸润线。坝体浸润线位置的高低和变化与坝的安全稳定有密切关系。坝体设计中，常先根据坝体断面尺寸、上下游水位以及坝料的物理力学性质指标，计算确定出浸润线的位置，然后再进行坝坡稳定分析计算。由于设计采用的各项指标与实际情况不可能完全相符，施工的质量也有差异，因此，坝体实际运用时的浸润线位置往往与设计有所不同。如果实际浸润线的位置比设计的高，坝坡的稳定性就低，甚至可能发生滑坡失稳的事故。因此，浸润线观测对掌握坝体浸润线的位置和变化情况，判断坝体在运行期间是否安全稳定有重要的作用。

坝体浸润线观测最常用的方法是选择有代表性的且能够控制主要渗流情况的坝体横断面，以及预计有可能出现异常渗流的横断面作为浸润线观测断面，埋设适当数量的测压管。通过测量测压管中的水位来获得浸润线的位置。

浸润线观测断面对于一般大型和重要的中型库，应不少于 3 个；对于一般中小型库应不少于两个。每个横断面内的测点位置和数量，应以能反映出浸润线的几何形状，并能充分描述出坝体各部分（防渗体、排水体、反滤层等）在渗流下的工作状况。对于初期坝为不透水的尾矿坝，建议在堆积坝坝顶、初期坝上游坡底、上游坝肩、下游滤水体上游各布置一根测压管，其他中间每 20~40m 插入一根，深度达预计浸润线下 10m，如图 4-42 所示。对于初期坝为透水的尾矿坝，除初期坝内不设测压管外，其余按不透水坝的要求设置测压管。

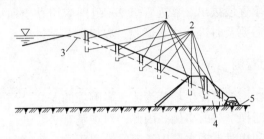

图 4-42　初期坝为不透水的尾矿坝测压管布置图
1—测水管；2—进水管段；3—浸润线；4—初期坝；5—初期坝排水体

测压管是用不易变形和防腐蚀的金属管、塑料管或无砂混凝土管直接插入坝体内。测压管由进水段、导管和管口保护装置三部分组成。

金属测压管的进水管段，俗称花管，常用直径 50mm 管，下端封闭，上口外缘扣丝，以便与导管连接。为了能使坝体的水较快地渗入测压管中，进水管壁上需钻有足够数量的进水孔。为防止坝体土粒进入管内，在管壁外包裹两层铜丝布、马尾网、玻璃丝布或尼龙丝布、土工布等不易腐烂变质的过滤层。外面还可包以棕皮等作为第二过滤层，最外层再包两层麻布，分别都用 12 号或 14 号铅丝缠绕扎紧。

导管接在进水管的上面，一直引出坝面，以测量管中水位。导管的材料和直径与进水管相同，但管壁不钻孔。

管口保护装置是为了防止人为破坏测压管，不让石块和杂物落入管中，防护雨水或坝面水流入管内或沿管外壁渗入坝体。

无砂混凝土测压管的进水管段不需包扎过滤层，结构简单，造价低，不易锈蚀，但应有较好的透水性，要求其渗透系数大于 200m/d，强度大于 400kPa。材料配合比为水泥∶砾石（粒径 5~10mm）= 1∶（6~7），水灰比为 0.4~0.5。为增加强度和便于管段连接，管壁可配少量钢筋。管的内径为 8~10cm，管壁厚度为 4~6cm，每节管长 1.5~2m。采用无砂混凝土管作进水管段时，其导管和沉砂管段可用直径相同的普通混凝土管。

塑料测压管结构轻便，不易锈蚀，造价低，是一种较为理想的材料。其导管和管口保护装置的结构和要求与金属管相同，进水管则有所不同。塑料管的接头方法有两种方式：对接和丝扣连接。对接可采用与管子直径相同的长 100cm 的接箍，加热后撑粗，待冷却后将接箍里口锉成斜口，套在相接的两根塑料管上，再沿接口用塑料焊条转焊 5 圈。为防止在安装填孔时碰坏，还应焊立筋加固。

测压管埋设前应仔细检查。检查无误后进行编号，逐段下管。管子全部下完后应校测测压管的高程，然后用小砾石填充管底与钻孔底之间的空隙，用吊锤夯实。测压管的周围应根据坝体土料级配选用合适的反滤料分层夯实。钻孔有套管的，应随反滤料回填逐段拔出。靠近管口 2m 范围应用黏土回填夯实，以防雨水渗入。测压管埋好后要及时进行注水试验，以检测其灵敏度。

4.7.6 坝基扬压力观测

尾矿坝在水头作用下也发生坝基渗流，影响坝的安全。国内外都有尾矿坝因坝基渗流异常导致滤坝事故的事例。因此，对坝基有必要进行扬压力观测，以全面了解坝基透水层和相对不透水层中渗流的沿程压力分布情况，分析坝的防渗和排水设施的作用，估算坝基中实际的水力坡降，推测潜水造成管涌、流土或接触冲刷等破坏的可能。

坝基扬压力在坝基埋设测压管进行观测。测压管一般应在强透水层中布置（但在靠近下游坝趾及出口附近的相对弱透水层中也应适当布置部分测点），在防渗和排水设施的上下游也要布置测点，以了解扬压力的变化。为获得坝趾出逸坡降及承压水的作用情况，需在坝的下游一定范围内布置若干测点。在已经发生渗流变形的地方，应在其周围临时增设测压管进行观测。当采取工程措施处理后，应有计划地保留一部分测压管观测处理前后扬压力的变化，以评价处理措施的效果。

测点应沿渗流方向布置。若坝基为比较均匀的砂砾石层，没有明显的分层情况，一般垂直坝轴线布置 2~3 排，每排 3~5 个测点，具体位置根据坝型而定。具有水平防渗铺盖的均质坝，一般每排布置 4 个测点：一个位于坝顶的上游坝肩，一个位于下游坡，反滤坝趾上下各一个。

坝基扬压力测压管的结构、观测仪器和观测方法同浸润线测压管基本相同，但其进水管段较短，为 0.5m 左右。坝基测压管一般在坝体施工期进行埋设。埋设测压管造孔时，不得用泥浆固壁，可下套管防止塌孔。

坝基扬压力观测通常与浸润线观测同时进行，建议在洪水期、库内水位每上涨 1m，下降 0.5m 增测一次，以掌握渗水压力随库水位变化的关系。

4.7.7 绕坝渗流观测

尾矿库投入运行后，渗流绕过两岸坝头从下游坡流出称为绕坝渗流。坝体与混凝土或砌石等建筑物连接的接触面处也有绕流发生。一般情况下，绕流是一种正常现象。但若坝体与岸坡连接不好；或岸坡过短，产生裂缝；或岸坡中有强透水间层，就有可能发生集中渗流，造成渗流变形，影响坝体安全。因此，需要进行绕坝渗流观测，以了解坝头与岸坡、混凝土或砌石建筑物接触处的渗流变化情况，判明这些部位的防渗与排水的效果。

绕坝渗流一般也是埋设测压管进行观测。测压管在渗流有可能比较集中的透水层中沿绕流线布置 1~2 排，每排至少 3 个，如图 4-43 所示。

对于观测自由水面的绕渗测压管，其深度应视地下水情况而定，至少深入到筑坝前的地下水位以下；对于观测不同透水层水压的测水管，其进水段应深入到透水层中。

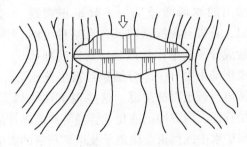

图 4-43　绕渗测压管平面布置图

绕渗测压管的构造、观测仪器、观测方法和测次的规定与浸润线测压管基本相同。但对观测透水层的测压管，进水段可较短，与坝基渗压测压管一样为 0.5m 左右。若坝端两岸为岩石层，可在岩石上钻孔，在孔内测量地下水位。

4.7.8　渗流量观测

渗流量是直接反映渗流场动态的主要水力要素之一。在渗流处于稳定状态时，渗流量与水头大小保持稳定的变化关系。渗流量显著增加，意味着有可能在坝体或坝基发生管涌或集中渗流通道；渗流量显著减少，则可能是排水体堵塞的征兆。因此，进行渗流量观测对于判断渗流是否稳定，防渗和排水设施是否正常具有很重要的意义。

对不同条件的尾矿库，渗流量观测的方法也不一样。对土坝来说，通常是将坝体排水设施的渗水集中引出，量测其单位时间的水量。对有坝基排水设施（如排水沟等）的尾矿库，也应对坝基排水设施的排水量进行观测。有的坝体，坝体和坝基的渗流量很难分开，可在坝下游设集水沟观测总的渗流量，也能借以判断渗流稳定是否遭到破坏。对混凝土坝和砌石坝，可在坝下游设集水沟观测总的渗流量，也可在坝体或坝基设集水井观测排水量。当渗流水可分区拦截时，也可分区设集水沟进行观测。集水沟和量水设备应设在不受泄水建筑物泄水影响和不受坝面及两岸排泄雨水影响的地方，并尽量使其平直整齐，以便于观测。图 4-44 所示为某尾矿坝渗流量观测设备布置图。

量测渗流量的方法有容积法、量水堰法和测流速法等，可根据量测精度要求选用。渗流量观测必须与上下游水位及其他渗流观测项目配合进行。坝体渗流量的观测应与扬压力观测同时进行。

4.7.9　渗流水水质监测

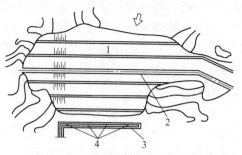

图 4-44　土坝渗流量观测设备布置图
1—土坝坝体；2—坝顶；3—集水沟；4—量水堰

　　水质监测主要是测定渗流水中的固体和化学成分的变化。坝体或坝基渗出的水清澈透明，一般是正常现象，若带有泥沙颗粒或含有某种可溶盐成分及其他化学成分，则反映坝体或坝基土中有一部分细颗粒被渗流水带出，或土料被溶滤。这些现象往往是管涌、内部冲刷或化学管涌等渗流破坏的先兆。在分析渗流水水质时，应考虑尾矿水中残留重金属离子及选矿药剂的影响，以免造成假象误认为化学管涌。

　　水质监测的项目及内容按环保部门的有关规定执行。

4.7.10　观测实例

4.7.10.1　狮子山铜矿杨山冲尾矿库、坝的观测

狮子山铜矿杨山冲尾矿库建立了比较完整的监测系统，必备的监测仪器基本齐全，监测设施布置如图 4-45 所示。

监测内容有：

（1）浸润线观测：在 3 个断面上布置了 19 个孔位，共 50 个测点；

（2）孔隙水压力监测：在 4 个断面上布置了 8 个孔位，共 29 个测点；

（3）水平孔排渗量监测：共 26 个测点；

（4）竖井水位变化监测：共 31 个测点；

（5）尾矿库外排水量监测：两天一次；

（6）尾矿库内水位变化、放矿位置变化监测：每天一次；

（7）坝体沉降监测：每周一次，另外，对入库尾矿浆的浓度和干滩长度等不定期进行监测。

4.7.10.2　德兴铜矿 2 号尾矿库坝体监测

德兴铜矿 2 号尾矿库属国内特大型尾矿库，总库容 9800 万立方米，有效库容 7800 万立方米，于 1984 年 12 月 12 日正式放矿后，每年以平均 15m 的上升速度堆高，到 1990 年初，坝高已达 129m，库内储存尾矿 2621 万立方米。在强化尾矿库安全管理中，坝体监测发挥了重要的作用。该库监测仪器设备的埋设如图 4-46 所示。

观测项目有：坝体水平位移观测，坝体沉降观测，浸润线观测，孔隙水压力观测。

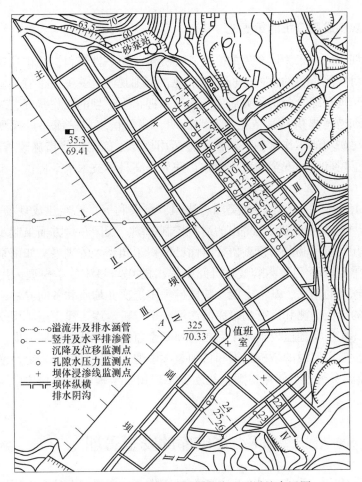

图 4-45　狮子山铜矿杨山冲尾矿库观测设施布置图

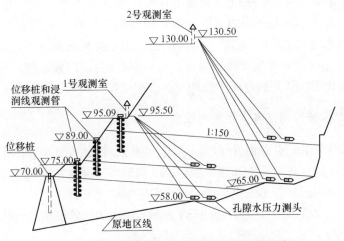

图 4-46　德兴铜矿 2 号尾矿库监测仪器的埋设

4.7.11 观测成果分析的重要性

尾矿坝观测成果为尾矿库的安全管理提供了第一性资料。尾矿坝观测的目的必须通过对观测资料的整理分析才能实现，否则观测也就失去了意义。这些资料经过整理和进行综合分析研究后就全面地掌握了尾矿坝的工作状况，为进一步采取安全治理措施提供科学依据。实践证明，我国很多尾矿库通过观测资料的分析，了解尾矿坝的工作状态，掌握工程运用规律，确定维修措施改善运行状况，从而保证了尾矿库的安全和发挥效益，并为提高科学技术水平提供了宝贵的第一性资料。

世界上一些发达发家，如美国、法国、意大利等，已经建成现场数据采集、数据传输、资料分析和安全警报的适时控制系统。我国在这方面虽起步较晚，但在微机的开发应用和分析模型研究方面已取得了相当大的进展。如南京水利科学研究院在尾矿库渗流及模拟试验研究中提出的空间渗流数学模型采用等参数单元，具有较高的精度，基本上能反映尾矿坝多层次非均质和各向异性，适用于待建尾矿库的渗流预测和已有病险库的渗流安全分析。逐步建立尾矿坝安全监测自动化系统，实现实地监控，是今后尾矿坝安全监测与管理的发展方向。有条件的企业应逐步建立离线的微机数据和各种数学模型（如统计性、确定性或混合等模型），对监测资料进行储存整编，并逐步实现用数学模型分析和预报尾矿库工程的安全性。

4.8 尾矿库的安全管理

尾矿库的安全是矿山安全生产的重要环节之一，同时也是矿山环境保护工作的一个重要方面。在尾矿库安全管理工作中，要认真贯彻"安全第一、预防为主、防重于抢、有备无患"的方针，切实执行"谁使用、谁管理、谁负责"的原则，严格遵照《尾矿库安全监督管理规定》（国家安全生产监督管理总局，2015 年 7 月）、《尾矿库安全技术规程》（国家安全生产监督管理总局，2006 年 6 月）等有关规定，认真做好尾矿库的安全管理工作。

4.8.1 尾矿库管理的任务、机构与职责

尾矿库管理的任务是做好尾矿的分级、输送、排放、筑坝、尾矿水调蓄、回水、防汛、抗震、环境保护和尾矿坝、排洪构筑物的检查、维护、监测、分析等各项工作，确保尾矿设施安全生产，防止发生事故和灾害。

为加强尾矿设施的安全管理，应设立不同层次的管理机构各负其责：

（1）上级公司安全生产管理机构的职责是：

1）贯彻上级有关方针政策，编制尾矿设施的长远规划和近期规划，审查所属尾矿库的年运行计划；

2）组织所属企业尾矿设施工程的设计、审查、技术鉴定和工程验收工作；

3）组织对所属企业尾矿设施工程的安全运行状态进行检查和监督；

4）及时处理下级单位的有关报告和报表，积累、分析、整编有关资料，建立健全技术档案，逐步走向管理科学化。

（2）各厂矿应设立尾矿坝安全生产领导小组。其职责是：

1）认真贯彻上级单位下达的各项指令和任务，根据管理规程和设计要求，编制并实施本单位尾矿库安全生产规章制度；结合工程的实际情况，编制年、季度作业和运行图表；

2）定期或不定期（汛前）组织进行尾矿坝安全大检查，对尾矿库存在的隐患和问题及时进行整改；

3）做好尾矿坝监测记录、资料的整理、分析工作；

4）保持尾矿库管理队伍的稳定性，有计划地安排操作管理人员培训并进行日常安全管理教育工作，以加强安全生产意识和提高管理水平。

（3）车间或工段是尾矿设施安全生产操作管理的基层机构。其职责是严格按照设计和有关技术规定，组织操作管理人员做好尾矿的排放、筑坝、回水、泄洪、坝体监测等项目的日常操作管理工作，其主要要求如下：

1）尾矿坝的坝顶标高（以最低点计）在满足尾矿堆存需要的同时，必须满足防汛、生产回水所需的库容，并确保有足够的安全超高；

2）严格控制库内水位，在满足回水水质和水量要求的前提下，尽量降低库内水位；当回水与坝体安全要求的沉积滩滩长相矛盾时，应以确保坝体安全为主控制水位；

3）尾矿库排水构筑物应经常保持畅通无阻，善后封堵工作必须严格按照设计要求施工，并保证其质量；

4）尾矿沉积滩的长度和坡度、下游坝面坡度、澄清距离等，必须按设计或有关技术规定严格进行控制；若不满足，应限期纠正并记入技术档案；

5）尾矿筑坝必须按作业计划及操作技术规定精心施工，注意坝体与岸坡结合部的清理和堆筑质量，对清理中发现的不良地质条件，应及时进行技术处理，并做好记录，经验收后方可开展下一步工作；

6）坝体观测必须按规定的时间进行，认真记好原始记录；

7）未经技术论证和主管部门批准，涉及生产安全的内容不得随意改变，如最终坝轴线的位置、坝外坡平均坡比、筑坝方式、坝体排渗型式、位置与数量、非尾矿废料、废水入库以及尾矿回采利用等；

8）如果发现不安全因素，应立即采取应急措施并及时向上级单位报告。

4.8.2 尾矿库的安全管理制度

尾矿库的安全管理制度主要包括责任制、安全检查制、奖惩制和考核制。

尾矿库的安全管理实行公司（矿）、厂、车间（工段）三级管理承包责任制。公司（矿）的经理（矿长）为全公司（矿）尾矿库的安全第一负责人，生产副经理（副矿长）为直接负责人；各厂厂长为选厂尾矿库的安全第一负责人，生产副厂长为直接负责人；车间（工段）主任（工段长）为尾矿库安全的直接负责人。

尾矿库的安全检查，作为安全管理制度的一项主要内容，可分为四级，即日常检查、定期检查、特别检查、安全鉴定。

日常检查：尾矿车间（工段或班组）应对尾矿库进行日常检查，交接班应有记录，并妥为保存。

定期检查：选厂应组织有关人员对尾矿库的安全运行情况进行定期检查，每月一次，发现问题及时研究处理，并将检查结果向主管领导报告，将有关技术资料归档；公司（矿）主管尾矿库安全部门应组织有关职能部门的人员，每年汛前、汛后对尾矿库的安全运行情况进行一次全面的检查，并于汛期前一个季度提出尾矿库度汛方案报当地防汛指挥部，同时抄报行业尾矿坝工程安全技术监督站。

特别检查：当发生特大洪水、暴雨、强烈地震及重大事故等灾害后，公司（矿）主管应组织有关部门及基层管理单位对尾矿库的安全状态进行一次全面的大检查，必要时报请上级有关单位会同检查，检查结果应同时抄报上级主管部门。

安全鉴定：对于大、中型及位于地震区的尾矿坝，当尾矿坝堆积坝高度达到总堆积高度的 $1/2 \sim 2/3$ 时，应根据具体情况按现行规范标准进行 $1 \sim 2$ 次安全鉴定工作，其重点应为抗洪能力及坝体稳定性。

尾矿库的安全管理应纳入矿山正常生产计划，并列入安全生产、质量评比工作内。建立严格的奖惩制度，对在确保尾矿库安全运行方面作出贡献的管理、操作人员实行奖励，并作为晋级的条件之一；对于玩忽职守、违反管理规程的人员及造成事故的直接责任人，要追究责任进行严肃处理。各级安全管理机构应设置一定数量的专职或兼职尾矿安全管理人员，负责具体技术工作，其人员应具备尾矿库安全管理方面的基本专业知识，掌握尾矿库设计文件及有关规定，了解尾矿处理的工艺流程，熟悉国家或部门有关标准及规定、规范等。

尾矿库操作人员已被国家劳动部列为特殊工种，必须经过培训考核合格后持证上岗。对于无证上岗操作者劳动部门将给予处罚并追究其责任。

4.8.3　尾矿库的规划

尾矿设施的建设应与矿山建设同时进行，并于矿山投产时，同期投入运行。但由于选址、占地、工期、投资等方面的原因，很难一次建成既满足工期要求又满足储存全部矿山储量要求的尾矿库；同时，矿山生产过程也是不断进行探矿的过程，往往会探明新的可采储量。因此，矿山尾矿库工程多数要分期建设，或建设多个尾矿库以满足矿山生产中尾矿堆存的需要。

尾矿库工程建设周期长，投资大，大多存在资金紧张和征地困难等问题。为确保安全生产，应根据企业的生产年限，结合采场、选厂的总体规划，做好尾矿库中、长期规划和近期工程安排，做到既有长治久安之计，又解决好当务之急，远近结合，分期实施，确保新老尾矿库的合理衔接。后续尾矿库的建设，对于大中型工程，应于尾矿库使用期满之前至少5年，小型工程应于尾矿库使用期满之前至少3年开始着手进行建设的前期工作，制订计划，筹备建设；加高增容扩建尾矿库工程应在尾矿库达到最终堆积标高之前3年做好安全验证和扩建设计。切忌"临渴而掘井"，造成措手不及留下安全隐患。

每年年末，要在实测库内尾矿堆积情况的基础上，结合生产计划拟定好第二年的尾矿排放计划，对筑坝、尾矿沉积滩长度、库内泄洪、澄清水距离、排洪等相应措施，必须进行认真核算，做出安排，有条不紊地按计划实施。

当尾矿堆积坝高度达到设计最终高度的$1/2 \sim 2/3$时，应按规范的规定进行一次以尾矿库抗洪和坝体稳定性为重点的安全验证工作。

当尾矿库将达到设计最终堆积高程时，应委托设计部门进行闭库设计。

4.8.4　尾矿库的险情预测

根据不完全统计，导致尾矿库溃坝事故的直接原因包括：洪水约占50%，坝体稳定性不足约占20%，渗流破坏约占20%，其他约占10%。而事故的根源则是尾矿库存在隐患。尾矿库建设前期工作对自然条件（如工程地质、水文、气象等）了解不够，设计不当（如考虑不周、盲目压低资金而置安全于不顾、由不具备设计资格的设计单位进行设计等）或施工质量不良是造成隐患的先天因素。在生产运行中，尾矿库由不具备专业知识的人员管理，或者未按设计要求或有关规定执行，都是造成隐患的后天因素。

尾矿库险情预测就是通过日常检查尾矿库各构筑物的工况，发现不正常现象，来研判可能发生的事故。

（1）坝前尾矿沉积滩是否已形成，尾矿沉积滩长度是否符合要求，沉积滩坡度是否符合原控制（设计）条件，调洪高度是否满足需要，安全超高是否足够，排水构筑物、截洪构筑物是否完好畅通，断面是否够大，库区内有无大的泥石流，泥石流拦截设施是否完好有效，岸坡有无滑坡和塌方的征兆。这些项目中如果有不正常的，就是可能导致洪水溃坝成灾的隐患。

（2）坝体边坡是否过陡，有无局部坍滑或隆起，坝面有无发生冲刷、塌坑等不良现象，有无裂缝，是纵缝还是横缝，裂缝形状及开展宽度，是趋于稳定还是在继续扩大，变化速度怎样（若速度加快，裂缝增大，且其下部有局部隆起，这是发生坝体滑坡的前期征兆），浸润线是否过高，坝基下是否存在软基或岩溶，坝体是否疏松，这些项目中如果有异常的，就是可能导致坝体失稳破坏的隐患。

（3）浸润线的位置是否过高（由测压管中的水位量测定或观察其出溢位置），尾矿沉积滩的长度是否过短，坝面或下游有无发生沼泽化，沼泽化面积是否不断扩大，有无产生管涌、流土，坝体、坝肩和不同材料结合部位有无渗流水流出，渗流量是否在增大，位置是否有变化，渗流水是否清澈透明，这些项目中如果有不正常的，就是可能导致渗流破坏的隐患。

4.8.5　尾矿库的闭库

根据《尾矿库安全监督管理规定》《尾矿库安全技术规程》的规定，在尾矿库使用到最终设计高程之前 3 年应做出闭库处理设计和安全维护方案，报上级主管部门审批实施。闭库设计方案中应包括以下内容：

（1）根据现行设计规范规定的洪水设防标准，对洪水重新核定，并尽可能减少暴雨洪水的入库流量，可采取分流、导流等措施将洪流排至库外；

（2）对现存的排洪系统及其构筑物的泄流能力和强度进行复核；

（3）对现存坝体的稳定性（静力、动力及渗流）做出评价；

（4）对库区及其周围的环境状况进行本底调查并记录（重点是水及尾尘污染）；

（5）确保闭库后安全的治理方案。

尾矿库闭库必须根据闭库设计要求进行工程处理，竣工后经验收方可闭库。闭库后，若发生新的情况，应按以下规定办理：

（1）库内尾矿作为资源回收利用时，必须进行开发工程设计，并报主管部门批准，同时报送当地劳动管理部门备案后方可实施；

（2）尾矿库若再次使用时，应视同新建尾矿库，需进行加高增容工程设计，报请主管部门审批，同时报请同级劳动部门审查备案。

尾矿库闭库后的资产及资源仍属于原单位所有，其管理工作仍由原单位负责。若因土地复垦等原因需要变更管理单位的，必须报请主管部门批准，并办理相应的法律手续。

4.8.6　尾矿库的档案工作

技术档案资料是尾矿库安全生产、维护、治理的重要依据。因此必须做好技术资料的整理归档工作。

4.8.6.1 尾矿库建设阶段资料

尾矿库建设阶段资料包括如下：

（1）测绘资料：包括永久水准基点标高及坐标位置、控制网、不同比例尺的地形图等；

（2）工程、水文地质资料：包括地表水、地下水以及降雨、径流等资料，也包括库区、坝体、取土采石场及主要构筑物的工程地质勘查资料及试验资料；

（3）设计资料：包括不同设计阶段的有关设计文件、图纸以及有关审批文件等；

（4）施工资料：包括开工批准文件、征地资料、工程施工记录、隐蔽工程的验收记录、质量检查及评定资料、主要建筑物、构筑物的观测记录、沉降变形的观测记录、图纸会审记录、设计变更、材料构件的合格证明、事故处理记录、竣工图及其他有关技术文件等。

4.8.6.2 尾矿库运行期的资料

尾矿库工程的特点是投入运行期即是进入续建工程施工期，如筑坝工作是利用排放出的尾矿材料自身进行堆筑，而且是边生产边筑坝的。同时各主体构筑物随着尾矿库的投入运行，荷载逐年加大，各种溶蚀、冲刷、腐蚀等也随着使用时间的增长而加剧，相应的运行状态也在不断地变化。因此运行期的技术档案，观测数据及分析资料等尤为宝贵，必须认真做好档案的保存工作。

（1）尾矿库运行资料：包括正常期、汛前汛后期尾矿沉积滩长度、坡度，不同位置上沉积滩的尾矿粒度分析资料，尾矿库正常水位、汛前水位、汛后水位、澄清水距离及水质、库内调洪高度及安全超高、交接班记录、事故记录以及安全管理的有关规定、管理细则和操作规程等；

（2）尾矿筑坝资料：包括逐年堆筑子坝前后的尾矿坝体断面（如注明标高、坝顶宽度、堆坝高度、平均坝外坡度）、堆筑质量、堆坝中存在的问题及处理结果、新增库容、筑坝尾矿的粒度分析资料、坝体浸润线及变形观测资料、渗流情况（包括部位、标高、渗流量、渗水水质等）、坝外坡面排水设施及其运行情况等；

（3）排水构筑物资料：包括尾矿排水构筑物过流断面及结构强度情况、运行状态、封堵情况（方法、材料、部位）、发生的问题及处理等有关文件及图纸等；

（4）其他资料：如运行发生的事故（部位、性质、形态）及处理方法、结果，环境保护及环境影响情况，运行期有关尾矿库安全管理的往来文件以及基层报表和分析资料等。

所有这些资料的原始资料应在基层单位妥善保存，复制整理的资料应在公司（矿）的管理机构中按库逐一分类保管，以便随时查找调阅。有条件的还应建立数据库，逐步实现标准化管理。

4.9 尾矿坝的安全治理

4.9.1 尾矿坝裂缝的处理

裂缝是一种尾矿坝较为常见的病患，某些细小的横向裂缝有可能发展成为坝体的集中渗漏通道，有的纵向裂缝也可能是坝体发生滑坡的预兆，应予以充分重视。

4.9.1.1 裂缝的种类与成因

尾矿坝裂缝是较为常见的现象，有的裂缝在坝体表面就可以看到，有的隐藏在坝体内部，要开挖检查才能发现。裂缝宽度最窄的不到1mm，宽的可达数十厘米，甚至更大；裂缝长度短的不到1m，长的数十米，甚至更长；裂缝的深度有的不到1m，有的深达坝基。裂缝的走向有的是平行坝轴线的纵缝，有的是垂直坝轴线的横缝，有的是大致水平的水平缝，还有的是倾斜的裂缝。总之，有各式各样的裂缝，且各有其特征，归纳起来见表4-7。

表 4-7　裂缝种类及特征

种类	裂缝名称	裂 缝 特 征
按裂缝部位	表面裂缝	裂缝暴露在坝体表面，缝口较宽，深处变窄逐渐消失
	内部裂缝	裂缝隐藏在坝体内部，水平裂缝常呈透镜状，垂直裂缝多为下宽上窄的形状
按裂缝走向	横向裂缝	裂缝走向与坝轴线垂直或斜交，一般出现在坝顶，严重的发展至坝坡，近似铅垂或稍有倾斜
	纵向裂缝	裂缝走向与坝轴线平行或接近平行，多出现在坝坡浸润线逸出点的上下
	龟纹裂缝	裂缝呈龟纹状，没有固定的方向，纹理分布均匀，一般与坝体表面垂直，缝口较窄，深度10~20cm，很少超过1m
按裂缝成因	沉陷裂缝	多发生在坝体与岸坡接合段、河床与台地接合面、土坝合拢段、坝体分区分期填土交界处、坝下埋管的部位
	滑坡裂缝	裂缝段接近平行坝轴线，缝两端逐渐向坝脚延伸，在平面上略呈弧形，缝较长；多出现在坝顶、坝肩、背水坡坡及排水不畅的坝坡下部；在地震情况下，迎水坡也可能出现；形成过程短，缝口有明显错动，下部土体移动，有离开坝体倾向
	干缩裂缝	多出现在坝体表面，密集交错，没有固定方向，分布均匀，有的呈龟纹裂缝形状，降雨后裂缝变窄或消失；有的也出现在防渗体内部，其形状呈薄透镜状
	冷冻裂缝	发生在冰冻影响深度以内，表层呈破碎、脱空现象，缝宽及缝深随气温而异
	振动裂缝	在经受强烈振动或烈度较大的地震以后发生纵横向裂缝，横向裂缝的缝口，随时间延长逐渐变小或弥合，纵向裂缝缝口没有变化

4.9.1.2 裂缝的检查与判断

裂缝检查需特别注意坝体与两岸山坡接合处及附近部位，坝基地质条件有变化及地基条件不好的坝段，坝高变化较大处，坝体分期分段施工接合处及合拢部位，坝体施工质量较差的坝段，坝体与其他刚性建筑物接合的部位。

当坝的沉陷、位移量有剧烈变化，坝面有隆起、坍陷，坝体浸润线不正常，坝基渗漏量显著增大或出现渗透变形，坝基为湿陷性黄土的尾矿库开始放矿后或经长期干燥或冰冻期后以及发生地震或其他强烈振动后应加强检查。

检查前应先整理分析坝体沉陷、位移、测压管、渗流量等有关观测资料。对没有条件进行钻探试验的土坝，要进行调查访问，了解施工及管理情况，检查施工记录，了解坝料上坝速度及填土质量是否符合设计要求；采用开挖或钻探检查时，对裂缝部位及没发现裂缝的坝段，应分别取土样进行物理力学性质试验，以便进行对比，分析裂缝原因；因为土基问题造成裂缝的，应对土基钻探取土，进行物理力学性质试验，了解筑坝后坝基压缩、密度、含水量等变化，以便分析裂缝与坝基变形的关系。

裂缝的种类很多，如果不了解裂缝的性质，就不能正确地处理，特别是滑动性裂缝和非滑动性裂缝，一定要认真辨别。应根据裂缝的特征（见表4-7）进行判断。滑坡裂缝与沉陷裂缝的发展过程不同，滑坡裂缝初期发展较慢而后期突然加快，而沉陷裂缝的发展过程则是缓慢的，并到一定程度而停止。只有通过系统的检查观测和分析研究才能正确判断裂缝的性质。

内部裂缝一般可结合坝基、坝体情况进行分析判断。当库水位升到某一高程时，在无外界影响的情况下，渗漏量突然增加的，个别坝段沉陷、位移量比较大的，个别测压管水位比同断面的其他测压管水位低很多，浸润线呈现反常情况的，注水试验测定其渗透系数大大超过坝体其他部位的，当库水位升到某一高程时，测压管水位突然升高的，钻探时孔口无回水或钻杆突然掉落的，相邻坝段沉陷率（单位坝高的沉陷量）相差悬殊等现象都可能预示产生内部裂缝。

4.9.1.3 裂缝的处理

发现裂缝后都应采取临时防护措施，以防止雨水或冰冻加剧裂缝的发展。对于滑动性裂缝的处理，应结合坝坡稳定性分析统一考虑；对于非滑动性裂缝可采取以下措施进行处理：

（1）采用开挖回填是处理裂缝比较彻底的方法，适用于不太深的表层裂缝及防渗部位的裂缝。处理方法有梯形楔入法（适用于裂缝在不深的非防渗部位）、梯形加盖法（适用于裂缝不深的防渗斜墙及均质土坝迎水面的裂缝）和梯形十字法（适用于处理坝体或坝端的横向裂缝）等，如图4-47所示。

裂缝的开挖长度应超过裂缝两端1m以外，开挖深度应超过裂缝尽头0.5m，

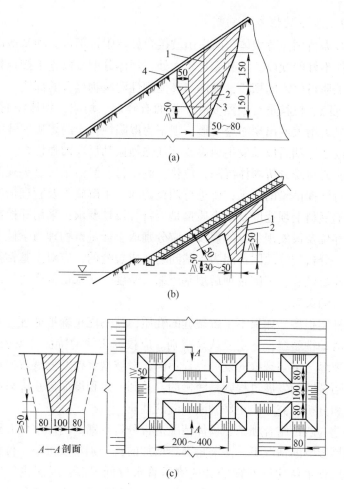

图 4-47　开挖回填法处理裂缝

（a）梯形楔入法；（b）梯形加盖法；（c）梯形十字法

1—裂缝；2—开挖线；3—回填时削均线；4—草皮护坡

开挖坑槽的底部宽度至少 0.5m，边坡应满足稳定及新旧土接合的要求，应根据土质、碾压工具及开挖深度等具体条件确定。较深坑槽也可挖成阶梯形，以便出土和安全施工。开挖前应向裂缝内灌入白灰水，以便于掌握开挖边界。挖出的土料不要大量堆积在坑边，不同土质应分区存放。开挖后，应保护坑口，避免日晒、雨淋或冰冻，以防干裂、进水或冻裂。

回填的土料应根据坝体土料的裂缝性质选用，并应进行物理力学性质试验。对沉陷裂缝应选用塑性较大的土料，控制含水量大于最优含水量 1%~2%；对滑坡、干缩和冰冻裂缝的回填土料，应控制含水量等于或低于最优含水量 1%~2%。坝体挖出的土料，要鉴定合格后才能使用。对于浅小裂缝可用原坝的土料回填。

回填前应检查坑槽周围土体的含水量，若偏干则应将表面润湿；若土体过湿或冰冻，应清除后再进行回填。回填土应分层夯实，填土层厚度以 10~15cm 为宜。压实工具视工作面大小，可采用人工夯实或机械碾压。一般要求压实厚度为填土厚度的 2/3。回填土料的干密度，应比原坝体干密度稍大一些。回填时，应将开挖坑槽的阶梯逐层削成斜坡，并进行刨毛，要特别注意坑槽边角处的夯实质量。

（2）对坝内裂缝、非滑动性很深的表面裂缝，由于开挖回填处理工程量过大，可采取灌浆处理。一般采用重力灌浆或压力灌浆方法。灌浆的浆液，通常为黏土泥浆；在浸润线以下部位，可掺入一部分水泥，制成黏土水泥浆，以促其硬化。

对于表面裂缝的每条裂缝，都应在两端及转弯处、缝宽突变处以及裂缝密集和错综复杂部位布置灌浆孔。灌浆孔距导渗设施和观测设备应有足够的距离，一般不应小于 3m，以防止因串浆而影响其正常工作。

对于内部裂缝，则采用帷幕灌浆式布孔。一般宜在坝顶上游侧布置 1~2 排，必要时可增加排数。孔距可根据灌浆压力和裂缝大小而定，一般为 3~6m。

浆液制备应选用价格低廉、可就地取材（如黏土等材料）、有足够的流动性和灌入性、凝固过程中体积收缩变形较小、凝固时间适宜并有足够的强度、凝固时与原土结合牢固、浆液的均匀性和稳定性较好的造浆材料。黏土浆液的质量配比一般可采用（1∶1）~（1∶2）（水∶固体），浆液稠度一般按重度控制，应尽量采用较浓的浆液。浸润线以下裂缝灌浆采用的黏土水泥浆，水泥的掺入量一般为干料的 10%~30%。在渗透流速较大的裂缝中灌浆时，可掺加易堵塞流通的掺合物，如砂、木屑、玻璃纤维等。造浆用的黏土及掺合料等，应通过试验来确定。

灌浆压力的大小，直接影响到灌浆质量。要在保证坝体安全的前提下选用灌浆压力，压力过大，对坝体稳定将会造成不利影响。采用的最大压力应小于灌浆部位以上的土体重量。在裂缝不深及坝体单薄的情况下，应首先使用重力灌浆，采用的压力大小应经过试验决定；对于长而深的非滑动性纵向裂缝，灌浆时应特别慎重，一般宜用重力或低压灌浆，以免影响坝坡的稳定；对于尚未判明的纵向裂缝，不应采用压力灌浆处理。在雨季及库水位较高时，由于泥浆不易固结，一般不宜进行灌浆。

灌浆后，浆液中的水分向裂缝两侧土体渗入，土体含水量增高，构筑物自身强度降低，因此采用灌浆处理时，要密切注意坝坡稳定情况。要防止浆液堵塞滤层或进入测压管等观测设备中，以免影响观测工作。在灌浆过程中，要加强土坝沉陷、位移和测压管的观测工作，发现问题，及时处理。

（3）对于中等深度的裂缝，因库水位较高不宜全部采用开挖回填办法处理的部位或开挖困难的部位可采用开挖回填与灌浆相结合的方法进行处理。裂缝的上部采用开挖回填法，下部采用灌浆法处理。先沿裂缝开挖至一定深度（一般为2m左右）即进行回填，在回填时按上述布孔原则，预埋灌浆管，然后对下部裂缝进行灌浆处理。

4.9.2 尾矿坝渗漏的处理

尾矿坝坝体及坝基的渗漏有正常渗流和异常渗漏之分。正常渗流有利于尾矿坝坝体及坝前干滩的固结，从而有利于提高坝的整体稳定性。异常渗漏则是有害的，由于设计考虑不周，施工不当以及后期管理不善等原因而产生非正常渗流，导致渗流出口处坝体产生流土、冲刷及管涌多种形式的破坏，严重的可导致垮坝事故。因此，对尾矿坝的渗流必须认真对待，根据情况及时采取措施。

4.9.2.1 渗漏的种类与成因

渗漏的种类及特征见表4-8。造成坝体渗漏的设计方面原因有：（1）土坝坝体单薄，边坡太陡，渗水从滤水体以上溢出；（2）复式断面土坝的黏土防渗体设计断面不足或与下游坝体缺乏良好的过渡层，使防渗体破坏而漏水；（3）埋设土坝体内的压力管道强度不够或管道埋置于不同性质的地基，地基处理不当，管身断裂；（4）有压水流通过裂缝沿管壁或坝体薄弱部位流出，管身未设截流环；（5）坝后滤水体排水效果不良；（6）对于下游可能出现的洪水倒灌防护不足，在泄洪时滤水体被淤塞而失效，迫使坝体下游浸润线升高，渗水从坡面溢出等。施工方面的原因有：（1）土坝分层填筑时，土层太厚，碾压不透致使每层填土上部密实，下部疏松，库内放矿后形成水平渗水带；（2）土料含砂砾太多，

表 4-8 渗漏的种类与特征

分类标准	渗漏类别	特　　征
按渗漏部位	坝体渗漏	渗漏的溢出点均在背水坡面或坡脚，其溢出现象有散浸（也称坝坡湿润）和集中渗漏两种
	坝基渗漏	渗水通过坝基的透水层，从坝脚或坝脚以外覆盖层的薄弱部位溢出，如坝后沼泽化、流土和管涌等
	接触渗漏	渗入从坝体、坝基、岸坡的接触面或坝体与刚性构筑物的接触面通过，在下游坡相应部位溢出
	绕坝渗漏	渗入通过坝端岸坡未挖除的坡积层、岩石裂缝、溶洞或生物洞穴等，从下游岸坡溢出
按渗漏现象	散浸	坝体渗漏部位呈湿润状态，随时间延长可使土体饱和软化，甚至在坝下游坡面形成细小而分布较广的水流
	集中渗漏	渗水可从坝体、坝基或两岸山坡的一个或几个孔穴集中流出

渗透系数大；（3）没有严格按要求控制及调整填筑土料的含水量，致使碾压达不到设计要求的密实度；（4）在分段进行填筑时，由于土层厚薄不均，上升速度不一，相邻两段的接合部位可能出现少压或漏压的松土带；（5）料场土料的取土与坝体填筑的部位分布不合理，致使浸润线与设计不符，渗水从坝坡溢出；（6）冬季施工中，对碾压后的冻土层未彻底处理，或把大量冻土块填在坝内；（7）坝后滤水体施工时，砂石料质量不好，级配不合理，或滤层材料铺设混乱，致滤水体失效，坝体浸润线升高等。其他方面原因如：（1）白蚁、獾、蛇、鼠等动物在坝身打洞营巢；（2）地震引起坝体或防渗体发生贯穿性的横向裂缝等也是造成坝体集中渗漏的原因。

造成坝基渗漏的设计方面原因有：（1）对坝址的地质勘探工作做得不够，设计时未能采取有效的防渗措施，如坝前水平铺盖的长度或厚度不足，垂直防渗墙深度不够；（2）黏土铺盖与透水砂砾石地基之间，未设有效的滤层，铺盖在渗水压力作用下破坏；（3）对天然铺盖了解不够，薄弱部位未做处理等。施工方面的原因有：（1）水平铺盖或垂直防渗设施施工质量差；（2）施工管理不善，在库内任意挖坑取土，天然铺盖被破坏；（3）岩基的强风化层及破碎带未处理或截水墙未按设计要求施工；（4）岩基上部的冲积层未按设计要求清理等。管理运用方面的原因有：（1）坝前干滩裸露暴晒而开裂，尾矿放矿水等从裂缝渗透；（2）对防渗设施养护维修不善，下游逐渐出现沼泽化，甚至形成管涌；（3）在坝后任意取土，影响地基的渗透稳定等。

造成接触渗漏的主要原因有：（1）基础清理不好，未做接合槽或做得不彻底；（2）土坝两端与山坡接合部分的坡面过陡，而且清基不彻底或未做防渗齿墙；（3）涵管等构筑物与坝体接触处，因施工条件不好，回填夯实质量差，或未设截流环（墙）及其他止水措施，造成渗流等。

造成绕坝渗漏的主要原因有：（1）与土坝两端连接的岸坡属条形山或覆盖层单薄的山坡而且有透水层；（2）山坡的岩石破碎，节理发育，或有断层通过；（3）因施工取土或库内存水后由于风浪的淘刷，岸坡的天然铺盖被破坏；（4）溶洞以及生物洞穴或植物根茎腐烂后形成的孔洞等。

4.9.2.2 渗漏的研判

掌握渗漏的变化规律，才能对渗漏做出正确的研判。

土坝坝基渗透破坏，可分为管涌和流土两种。管涌为细颗粒通过粗颗粒孔隙被推动和带出；流土则为土体表层所有颗粒同时被渗水顶托而移动。

正常渗流和异常渗漏可由表面观察和对渗漏观测资料的分析进行判别。从排水设施或坝后地基中渗出的水，如果清澈不含土颗粒，一般属于正常渗流。若渗水由清变浑，或明显地看到水中含有土颗粒，则属于异常渗漏。坝脚出现集中渗漏且渗漏通道顶壁坍塌，是坝体内部渗漏破坏进一步恶化的危险信号。在滤水体以上坝坡出现的渗水属异常渗漏。对于均质砂土地基或表层具有较厚的弱透水覆盖层的非均质地基（上层为砂层，下部为透水性大的砂砾石层），往往有翻砂冒水现象。开始时，水流带出的砂粒沉积在涌水口附近，堆成砂环。砂环随时间延长而增大，但发展到一定程度因渗量增大砂被带走，砂环虽不再增大，但有可能出现塌坑。对于表层有较薄的弱透水覆盖层的非均质地基（表层大都为较薄的中细砂或黏性土层，下部为透水性较大的砂砾石层），往往发生地基表层被渗流穿洞、涌水翻砂、渗流量随水头升高而不断增大。有的土坝，渗水中含有化学物质。这种物质有黄色、红色或黑色等，但都是松软物质，外表很像黏土。其中常见的是红色，俗称铁锈水。

根据库水位、测压管水位、渗流量等过程线及库水位与测压管水位关系曲线、库水位与渗流量关系曲线来判断渗水情况。在同水位下，渗漏量没有变化或逐年减少，坝后渗水即属正常渗流；若渗漏量随时间的增长而增大，甚至发生突然变化，则属于异常渗漏。

4.9.2.3　渗漏的处理

渗漏处理的原则是"内截、外排"。"内截"就是在坝上游封堵渗漏入口，截断渗漏途径，防止渗入。"外排"就是在坝下游采用导渗和滤水措施，使渗水在不带走土颗粒的前提下，迅速安全地排出，以达到渗透稳定。

除少数库后放矿的尾矿库（坝前为水区）可考虑采用在渗漏坝段的上游抛土做铺盖等方式进行"内截"外，一般的尾矿库主要采用坝前放矿，在坝前迅速地形成一定长度的干滩，起到防渗作用。若某坝段上无干滩或干滩单薄，则应在此处加强放矿。"外排"常用的方法有反滤、导渗、压渗等。

4.9.3　尾矿坝滑坡的处理

尾矿坝滑坡往往导致尾矿库溃决事故，因此，即使是较小的滑坡也不能掉以轻心。有些滑坡是突然发生的，有些是先由裂缝开始的，如果不及时注意，任其逐步扩大和蔓延，就可能造成重大的垮坝事故。如云锡公司1962年的尾矿库事故，就是从裂缝、滑坡而溃决的。

4.9.3.1　滑坡的种类及成因

滑坡的种类按滑坡的性质可分为剪切性滑坡、塑流性滑坡和液化性滑坡；按滑面的形状可分为圆弧滑坡、折线滑坡和混合滑坡。

造成滑坡勘探设计方面的原因有：（1）在勘探时没有查明基础有淤泥层或其他高压缩性软土层，设计时未能采取相应的措施；（2）选择坝址时，没有避开位于坝脚附近的渊潭或水塘，筑坝后由于坝脚处沉陷过大而引起滑坡；（3）坝端岩石破碎、节理发育，设计时未采取适当的防渗措施，产生绕坝渗流，使局部坝体饱和，引起滑坡；（4）设计中坝坡稳定分析所选择计算指标偏高，或对地震因素注意不够以及排水设施设计不当等。施工方面的原因有：（1）在碾压土坝施工中，由于铺土太厚，碾压不实，或含水量不合要求，干密度没有达到设计标准；（2）抢筑临时拦洪断面和合拢断面，边坡过陡，填筑质量差；（3）冬季施工时没有采取适当措施，以致形成冻土层，在解冻或蓄水后，库水入渗形成软弱夹层；（4）采用风化程度不同的残积土筑坝时，将黏性土填在土坝下部，而上部又填了透水性较大的土料，放矿后，背水坡上部湿润饱和；（5）尾矿堆积坝与初期坝两者之间或各期堆积坝坝体之间没有结合好，在渗水饱和后造成滑坡等。其他原因有：（1）强烈地震引起土坝滑坡；（2）持续的特大暴雨，使坝坡土体饱和，或风浪淘刷，使护坡遭破坏，导致坝坡形成陡坡以及在土坝附近爆破或者在坝体上部堆有物料等人为因素。

4.9.3.2 滑坡的检查与判断

滑坡检查应在高水位时期、发生强烈地震后、持续特大暴雨和台风袭击时以及回春解冻之际进行。从裂缝的形状、裂缝的发展规律、位移观测资料、浸润线观测分析和孔隙水压力观测成果等方面进行滑坡的判断。

4.9.3.3 滑坡的预防及处理

防止滑坡的发生应尽可能消除促成滑坡的因素。注意做好经常性的维护工作，防止或减轻外界因素对坝坡稳定的影响。当发现有滑坡征兆或有滑动趋势但尚未坍塌时，应及时采取有效措施进行抢护，防止险情恶化；一旦发生滑坡，则应采取可靠的处理措施，恢复并补强坝坡，提高抗滑能力。抢护中应特别注意安全问题。

滑坡抢护的基本原则是：上部减载，下部压重，即在主裂缝部位进行削坡，而在坝脚部位进行压坡。尽可能降低库水位，沿滑动体和附近的坡面上开沟导渗，使渗透水能够很快排出。若滑动裂缝达到坝脚，应该首先采取压重固脚的措施。因土坝渗漏而引起的背水坡滑坡，应同时在迎水坡进行抛土防渗。

因坝身填土碾压不实，浸润线过高而造成的背水坡滑坡，一般应以上游防渗为主，辅以下游压坡、导渗和放缓坝坡，以达到稳定坝坡的目的。在压坡体的底部一般可设双向水平滤层，并与原坝脚滤水体相连接，其厚度一般为 $80 \sim 150cm$。滤层上部的压坡体一般用砂、石料填筑，在缺少砂石料时，也可用土料分层回填压实。

对于滑坡体上部已松动的土体，应彻底挖除，然后按坝坡线分层回填夯实，并做好护坡，如图 4-48 和图 4-49 所示。

坝体有软弱夹层或抗剪强度较低且背水坡较陡而造成的滑坡，首先应降低库水位，如清除夹层有困难时，则以放缓坝坡为主，辅以在坝脚排水压重的方法处理。地基存在淤泥层、湿陷性黄土层或液化等不良地质条件，施工时又没有清除或清除不彻底而引起的滑坡，处理的重点是清除不良的地质条件，并进行固脚防

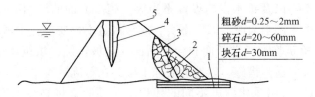

图 4-48　上游防渗、下游导渗压坡处理滑坡

1—排渗盲沟；2—块石压坡体；3—滑裂线；4—灌浆管；5—泥浆或化学灌浆防渗体

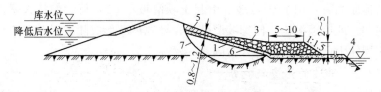

图 4-49　导渗压渗处理滑坡

1—导渗沟；2—卵石层；3—块石压重台；4-—排水沟；5—补坡填土；6—原坝坡线；7—滑裂线

滑。因排水设施堵塞而引起的背水坡滑坡，主要是恢复排水设施效能，筑压重台固脚，如图 4-50 所示。

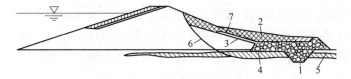

图 4-50　软弱夹层地基引起滑坡的处理

1—双向滤层的块石固脚齿槽；2—回填土；3—砂层；4—原有滤水体；

5—软弱夹层；6—滑裂线；7—滑坡前坝坡线

　　处理滑坡时应注意：开挖与回填应符合上部减载，下部压重的原则。开挖回填工作应分段进行，并保持允许的开挖边坡。开挖中，对于松土与稀泥都必须彻底清除。填土应严格掌握施工质量、土料的含水量和干密度必须符合设计要求，新旧土体的结合面应刨毛，以利结合。对于水中填土坝，在处理滑坡阶段进行填土时，最好不要采用碾压施工，以免因原坝体固结沉陷而开裂。滑坡主裂缝，一般不宜采取灌浆方法处理。

　　滑坡处理前，应严格防止雨水渗入裂缝内，可用塑性薄膜、沥青油毡或油布等加以覆盖。同时还应在裂缝上方修截水沟，以拦截和引走坝面的积水。

4.9.4　尾矿坝管涌的处理

　　管涌是尾矿坝坝基在较大渗透压力作用下而产生的险情，可采用降低内外水头差，减少渗透压力或用滤料导渗等措施进行处理。

4.9.4.1 滤水围井

在地基好，管涌影响范围不大的情况下可抢筑滤水围井。在管涌口沙环的外围，用土袋围一个不太高的围井，然后用滤料分层铺压，其顺序是自下而上分别填 0.2~0.3m 厚的粗砂、砾石、碎石、块石，一般情况可用三级级配。滤料最好要清洗，不含杂质，级配应符合要求，或用土工织物代替砂石滤层，上部直接堆放块石或砾石。围井内的涌水，在上部用管引出，如图 4-51 所示。

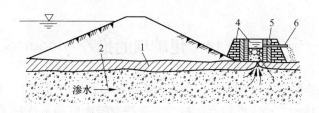

图 4-51　滤水围井

1—覆盖层；2—基础透水层；3—三层滤料；4—土袋；5—黏土；6—竹管

如果险处水势太猛，第一层粗砂被喷出，可先以碎石或小块石消杀水势，然后再按级配填筑；或铺设土工织物，如果遇填料下沉，可以继续填砂石料，直至稳定。若发现井壁渗水，应在原井壁外侧再包以土袋，中间填土夯实。

4.9.4.2 蓄水减渗

险情面积较大，地形适合而附近又有土料时，可在其周围填筑土埝或用土工织物包裹，以形成水池，蓄存渗水，利用池内水位升高，减少内外水头差，控制险情发展。

4.9.4.3 塘内压渗

若坝后渊塘、积水坑、渠道、河床内积水水位较低，且发现水中有不断翻花或间断翻花等管涌现象时，不要任意降低积水位，可用芦苇秆和竹子做成竹帘、竹箔、苇箔（或荆笆）围在险处周围，然后在围圈内填放滤料，以控制险情的发展。如需要处理的管涌范围较大，而砂、石、土料又可解决时，可先向水内抛铺粗砂或砾石一层，厚 15~30cm，然后再铺压卵石或块石，做成透水压渗台；或用柳枝、秸秆等做成 15~30cm 厚的柴排（尺寸可根据材料的情况而定），柴排上铺草垫厚 5~10cm，然后再在上面压砂袋或块石，使柴排潜埋在水内（或用土工布直接铺放），也可控制险情的发展，如图 4-52 所示。

若堤坝后严重渗水，采用一些临时防护措施还不能改善险情时，宜降低库内的水位，以减少渗透压力，使险情不致迅速恶化，但应控制水位下降速度。

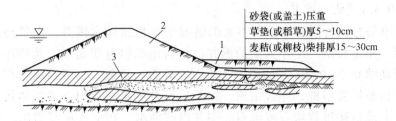

砂袋(或盖土)压重
草垫(或稻草)厚5～10cm
麦秸(或柳枝)柴排厚15～30cm

图 4-52　透水压渗
1—出渗台；2—坝体；3—覆盖层

4.10　尾矿坝的抢险

尾矿坝的险情常在汛期发生，而重大险情又多在暴雨时发生。汛期尾矿库处于高水位工作状态，调洪库容有所减少，遇特大暴雨极易造成洪水漫顶。同时，浸润线的位置处于高位，坝体饱和区扩大，使坝的稳定性降低。此外，风浪冲击也易造成坝顶决口、溃坝。因此，做好汛期尾矿坝抢险工作对于确保尾矿库的安全运行至关重要。

首先，应根据气象预报和库情，制订出各种抢险措施及下游群众安全转移措施等计划和预案，从思想、组织、物质、交通、联络、报警信号等各个方面做好抢险准备工作。其次，加强汛期巡检，及早发现险情，及时采取抢护措施。

4.10.1　防漫顶措施

尾矿坝多为散粒结构，如果洪水漫顶就会迅速冲出决口，造成溃坝事故。当排水设施已全部使用水位仍继续上升，根据水情预报可能出现险情时，应抢筑子堤，增加挡水高度。

在堤顶不宽、土质较差的情况下，可用土袋抢筑子堤，如图 4-53 所示。在铺第一层土袋前，要清理堤坝顶的杂物并耙松表土。

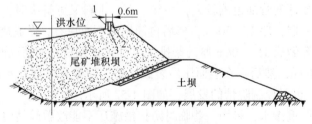

图 4-53　土袋筑子堤
1—土袋；2—填土；3—接合槽

用草袋、编织袋、麻袋或蒲包等装土七成左右，将袋口缝紧，铺于子堤的迎水面。铺砌时，袋口应向背水侧互相搭接，用脚踩实，要求上下层袋缝必须错开。待铺叠至预计水位以上时，再在土袋背水面填土夯实，填土的背水坡度不得陡于 1：1。

在缺土、浪大、堤顶较窄的场合下，可采用单层木板筑堤。其具体做法是先在堤顶距上游边缘约 0.5~1.0m 处打小木桩一排，木桩长 1.5~2.0m，入土 0.5~1.0m，桩距 1.0m。再在木桩的背水侧用钉子、铅丝将单层木板或预制埽捆（长 2~3m，直径约 0.3m）钉牢，然后在后面填土加戗，如图 4-54 所示。

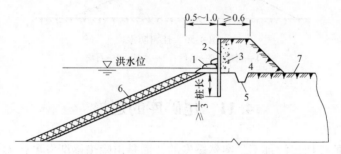

图 4-54　埽捆（或木板）筑子堤
1—砂袋或块石；2—木桩；3—埽捆或木板；4—填土；
5—接合槽；6—护坡；7—原坝顶

当出现超过设计标准的特大洪水时，应在抢筑子堤的同时，报请上级批准，采取非常措施加强排洪，降低库水位。如选定单薄山脊或基岩较好的副坝炸出缺口排洪，开放上游河道预先选定的分洪口分洪或打开排水井正常水位以下的多层窗口加大排水能力（这样做可能会排出库内部分悬浮矿泥），以确保主坝坝体的安全。严禁任意在主坝坝顶上开沟泄洪。

4.10.2　防风浪冲击

对尾矿坝坝顶受风浪冲击而决口的抢护，除参照前面有关办法进行处理外，还可采取防浪措施处理。用草袋或麻袋装土（或砂）约 70%，放置在波浪上下波动的部位，袋口用绳缝合，并互相叠压成鱼鳞状，如图 4-55 所示。当风浪较小时，还可采用柴排防浪。用柳枝、芦苇或其他秸秆扎成直径为 0.5~0.8m 的柴枕，长 10~30m，枕的中心卷入两根 5~7m 的竹缆做芯子，枕的纵向每 0.6~1.0m 用铅丝捆扎。在堤顶或背水坡筑木桩，用麻绳或竹缆把柴枕连在桩上，然后推放到迎水坡波浪拍击的地段。可根据水位的涨落松紧绳缆，使柴排浮在水面上。

挂树防浪是砍下枝叶繁茂的灌木，使树梢向下放入水中，并用块石或砂袋压住；其树干用铅丝、麻绳或竹缆连接于堤坝顶的桩上。木桩直径 0.1~0.15m，长 1.0~1.5m，布置形式可为单桩、双桩或梅花桩等，如图 4-56 所示。

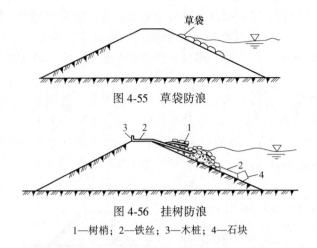

图 4-55 草袋防浪

图 4-56 挂树防浪

1—树梢；2—铁丝；3—木桩；4—石块

4.11 尾矿库的巡检

尾矿库的任何事故都不是突然爆发的，而是由隐患逐渐发展扩大，最终导致事故形成。巡检工作就是从不正常现象的蛛丝马迹上及时发现隐患，以便采取措施消除。因此，尾矿库的巡检工作非常重要。应建立巡检制度，规定巡检工作的内容、办法和时间等。

尾矿库的巡检应检查尾矿堆积坝顶高程是否一致，坝上放矿是否均匀，尾矿沉积滩是否平整，沉积滩长度、坡度是否符合要求，水边线是否与坝轴线大致平行，库内水位是否符合规定，子坝堆筑是否符合要求，尾矿排放是否冲刷坝体、坝坡，坝体有无裂缝、滑坡、塌陷、表面冲刷、兽蚁洞穴等危及坝体安全的现象，坝面护坡、排水系统是否完好，有无淤堵；沉降、积水等不良现象，坝体下游坡面、坝脚、坝下埋管出坝处、坝肩等部位有无散浸、渗水、漏水、管涌、流土等现象，渗流水量是否稳定，水质是否有变化，观测设施（测压管、测点、水尺、警示设备、孔隙水压力计、测压盒、量水堰等）是否完好等。

排水构筑物的巡检应检查排水井、排水管涵、隧洞、截洪沟、溢洪道等是否完好，有无淤堵；排水井、斜槽盖板的封堵方式、材料、方法是否符合要求，有无损坏；启闭设备有无锈蚀，是否灵活可靠；下游泄流区有无障碍物妨害行洪等。

其他还应检查交通道路是否畅通，通信、照明系统是否完好有效，防汛物资、器材和工具是否完好、齐备，岗位人员是否到位，管理制度与细则是否完善并行之有效等。

值得特别指出的是，上述巡检工作仅是日常的巡检内容。汛期还应根据气象预报加强检查，并做好预警工作。汛前、汛后、暴雨期、地震后等应对尾矿库进行全面的安全大检查，必要时应请主管部门派员参与共同检查。

复习思考题

4-1 梅山铁矿的尾矿库属哪种类型，有什么特点，属几等库，目前已堆到什么标高，有效库容多大（由面积-容积曲线上查出）？

4-2 尾矿库库容中，哪一部分为装尾矿用？哪一部分为调洪用？试画图表示。

4-3 怎样使用尾矿库面积-容积曲线？

4-4 划分尾矿库的等别有什么作用？

4-5 你管理的尾矿坝，初期坝属于哪种坝型，有什么特点？

4-6 土坝外坡脚处的排水棱体有什么作用？

4-7 透水初期坝内坡面为什么要设反滤层，反滤层有几种做法？

4-8 你所管理的尾矿坝采用什么方式筑坝，有什么特点？

4-9 后期坝在构造上有什么要求，为什么说凸形坝坡面对坝的稳定性不利？

4-10 尾矿坝坝坡破坏有哪些形态？

4-11 请用简明的语言说明尾矿坝坝坡稳定安全系数是什么。

4-12 你管理的尾矿库排洪系统属于哪种型式，有什么特点？

4-13 什么是汇水面积，怎样量测？

4-14 年最大 24h 降雨量和最大 24h 降雨量有什么区别？

4-15 径流系数是什么意思？

4-16 为什么要进行调洪演算？

4-17 你管理的尾矿库采用哪种方法筑子坝，有什么特点？

4-18 尾矿排放工作有什么重要作用？

4-19 在排水井井筒上口封井对吗，为什么？

4-20 尾矿沉积滩滩长或坡度对调洪库容有什么影响？

4-21 你管理的尾矿库，排水井是哪种类型，有什么特点？

4-22 截洪沟有什么作用？

4-23 尾矿坝观测有什么作用？

4-24 浸润线观测的目的是什么，有什么作用？

4-25 渗流量观测和渗水水质监测有什么用处？

4-26 观测成果的分析有什么重要性？

4-27 尾矿库管理的主要任务是什么？

4-28 为什么要进行尾矿库规划？

4-29 为什么说尾矿库操作管理人员缺乏必要的专业知识是造成尾矿设施隐患的后天因素？

4-30 尾矿库档案工作有什么重要性？

4-31 尾矿坝滑坡裂缝有些什么特征？

4-32 尾矿坝渗漏处理的原则是什么？

4-33 尾矿坝滑坡处理的原则是什么？

4-34 尾矿库巡检工作的重要性是什么？

5 尾矿综合利用

5.1 尾矿综合利用的意义

5.1.1 尾矿的堆存与危害

尾矿是矿石经磨矿后进行选别，将有用矿物选出后所排弃的残渣。它含有多种脉石矿物，是冶金矿山的一种工业废料。它具有量大、集中、颗粒细小的特点。

国内外对于尾矿的处理，不论尾矿中有用矿物是否有回收价值，大都是在地面进行堆存。由于尾矿的产出量庞大，自然安息角小，若采用自然堆存的方法，则不能堆得太高，因而必须建坝堆存，占用大量田地。此外，由于尾矿的密度小、表面积大，遇水容易流走，而在原地干燥之后，遇风又容易飞扬。因此，必须进行防洪、尾矿堆表面覆土等措施。否则，被风吹扬，尾矿粉尘污染大气；被水冲走，流入农田，危害农业生产；流入江河，污染河水，破坏水质，填塞河道，造成公害；若建坝不稳固，防洪不周密，尾矿随洪泛滥，尾矿坝溃决造成淹没村庄，毁坏田地，甚至死伤人畜，所造成的灾害损失，更是无法估计。如安徽黄梅山铁矿金山尾矿库、河北邯邢西石门尾矿库、湖北大冶铁山洪山溪尾矿库等都曾因发生溃决而造成巨大的人力及财力损失。

随着现代工业的飞速发展，钢铁和有色金属产量的不断增长，矿山选厂排出的尾矿量与日俱增，同时伴随着富矿资源的日益枯竭，贫矿资源开采比重的不断增大，金属矿山选厂的数目日益增多，选厂的规模日益扩大，金属矿山选厂排出的尾矿量急剧增加，更是因尾矿堆存造成大量的土地浪费，同时，由于尾矿库长期需要管理和维护，更是一笔不菲的人力和财力的投入。因此，开展和探索尾矿综合利用是具有重要意义的。

5.1.2 尾矿综合利用的重大意义

我国对尾矿的处理，是利用荒地筑坝堆存，并采取一系列可靠的措施，同时进行维护管理。随着冶金工业的迅速发展，金属矿山选矿厂的处理量日益加大，相应排出的尾矿量日益增多。据长沙有色冶金设计院初步调查 50 余个矿山年排出的尾矿量达数千万吨，占田地上万亩，为了妥善堆存尾矿需要建坝。根据32个矿山的统计，建坝工程费约达数亿元。不少工矿企业和科研部门积极地对尾矿进行了综合利用的试验研究工作，如利用尾矿充填采矿空场，在尾矿堆积场上覆土造田，利用尾矿制造各种建筑材料等，已取得了一定的成绩。

尾矿的综合利用不仅可以减少尾矿的堆存，节约建坝、防洪等工程费用，改善矿区的环境卫生，而且还能为国家创造财富。这不仅充分利用了国家资源，为人民兴利除害，而且还为建筑材料的原料开辟出了一条新的途径，对于积极发展材料工业，推动国民经济的迅速发展具有积极的作用。同时，尾矿的综合利用，还可少占地或采取占地还田的方式，这对于解决工业建设与农业争地的矛盾，体现工业支援农业，贯彻"以农业为基础，以工业为主导"的方针，加强工农联盟具有重要政治意义。

5.2 尾矿的物理性质和化学成分

尾矿的物理形态和砂子相似，但矿物组分较砂子复杂，因它比砂子含有较多的金属矿物，同砂子一样，一般属惰性材料。

尾矿的密度取决于所含各种岩石的比例，岩石的密度一般为 $2.7 \sim 3.0t/m^3$，干尾矿的堆积密度和其粒级组成有关，大约为 $1.0 \sim 1.7t/m^3$。

尾矿的粒级组成取决于有用矿物在矿石中晶体嵌布粒度的大小以及使有用矿物与脉石分离所采用的选矿工艺。重选、磁选、浮选所排出的尾矿，一般粒度如下：

(1) 重选小于 0.074mm（200 目）约占 10%~60%；

(2) 磁选小于 0.074mm（200 目）约占 50%~70%；

(3) 浮选小于 0.074mm（200 目）约占 40%~80%。

重选、浮选、磁选等湿法选厂所排出的尾矿，一般是含水约 70%~90% 的料浆。

尾矿的渗透系数是指水通过尾矿的渗透速度，单位以 mm/h 表示。尾矿在某种状态下的渗透系数与尾矿的孔隙率、水力坡度等因素有关。当利用尾矿作充填材料时，该项指标非常重要。

尾矿一般由多种矿物组成，其主要化学成分为：SiO_2、Fe_2O_3、CaO、Al_2O_3、MgO、Na_2O、K_2O 等，至于各种化学成分所占的百分比与采出矿石中脉石的矿物组分密切相关。若脉石为火成岩类岩石，则以硅酸盐类矿物为主，其化学成分主要为 SiO_2，其次为 Al_2O_3；若脉石为沉积岩类岩石，则在砂岩中是以硅酸盐类为主，一般富含 SiO_2；在石灰岩或方解石中则以碳酸盐类矿物为主，一般富含 CaO；在高岭石中则富含 Al_2O_3 和 SiO_2。现将一些常见火成岩和沉积岩的平均化学成分列于表 5-1 和表 5-2。

表 5-1 常见火成岩的平均化学成分及含量 （%）

岩石种类	花岗岩	正长岩	霞石	石英闪长岩	闪长岩	橄榄辉长岩	辉长岩	橄榄岩
SiO_2	70.18	60.19	54.63	61.59	56.77	46.49	51.29	41.09
TiO_2	0.39	0.67	0.86	0.66	0.84	1.17	0.58	1.16
Al_2O_3	14.47	16.28	19.89	16.21	16.67	17.73	3.52	4.80
Fe_2O_3	1.57	2.74	3.37	2.54	3.16	3.66	1.82	3.96
FeO	1.78	3.28	2.20	3.77	4.40	5.80	6.00	7.12
MnO	0.12	0.14	0.35	0.10	0.13	0.17	0.13	0.10
MgO	0.88	2.49	0.87	2.80	4.17	8.86	21.06	32.25
CaO	1.99	4.30	2.51	5.38	6.74	11.48	13.88	4.42
Na_2O	3.48	3.98	8.26	3.37	3.39	2.16	0.30	0.49
K_2O	4.11	4.49	5.46	2.10	2.12	0.78	0.16	0.96
H_2O	0.84	1.16	1.35	1.22	1.36	1.04	1.20	3.53
P_2O_5	0.19	0.28	0.25	0.26	0.25	0.29	0.06	0.12

表 5-2 常见沉积岩的平均化学成分及含量 （%）

岩石种类	页岩平均	高岭土	砂岩平均	石灰岩平均	建筑用石灰岩平均	方解石	白云岩
SiO_2	58.90	46.5	78.64	5.20	14.09		
Al_2O_3	15.63	39.5	4.77	0.81	1.75		
Fe_2O_3	4.07	—	1.08	0.54	0.77		
FeO	2.48	—	1.30				
MgO	2.47	—	1.17	7.92	4.49	—	21.90
CaO	3.15	—	5.51	42.74	40.60	56.04	30.4
Na_2O	1.32	—	0.45	0.05	0.62		
K_2O	3.28	—	1.32	0.33	0.58		
H_2O	3.72	14.0	1.33	0.56	0.88		
TiO_2	0.66	—	0.25	0.06	0.08		
P_2O_5	0.17	—	0.08	0.04	0.42		
CO_2	2.67		5.03	41.70	35.58	43.96	47.7
其他	1.48	—	0.07	0.05	0.48		

5.3 尾矿综合利用实践

5.3.1 尾矿综合利用的途径

目前国内外对于尾矿的利用大致可以概括为下列几种途径：

（1）用作矿山地下采空区的充填料。水砂充填材料或胶结充填的集料。

（2）用作建筑材料的原料。制作水泥、硅酸盐尾矿砖、瓦、加气混凝土、铸石、耐火材料、陶粒、玻璃、混凝土集料、微晶玻璃、冶炼渣砖、泡沫材料和泡沫玻璃等。

（3）在尾矿堆积场上覆土造田，种植农林作物。此外，还有用于修筑公路、路面的集料、防滑材料、海岸造地等。

尾矿的综合利用应立足于尾矿用量大、产品销路广、燃料用量省、生产周期短、基建投资省、上马快、经济效果显著。在此应指出的是，尾矿综合利用还是一项新兴事业，应考虑到将来工艺过程的不断革新和改进，产品用途的逐渐推广，经营管理的提高，目前虽少盈利，但能做到少占地，不危害农业，达到兴利除害之目的，就应大力探索研究，并兴建相应的工厂，以期将来的发展。

至于矿山的尾矿怎样利用，首先应根据尾矿的物理化学性质和矿物组分，选择适宜的利用途径，同时根据矿山的开发和建设的需要，矿区附近对建筑材料的需要情况，并考虑矿山的交通运输、电力、材料、燃料等的供应条件合理确定。例如，某矿的井下需充填，而该矿的尾矿不易风化水解、不产生有毒有害气体、粒级大部分在 0.037mm 以上时，则可将尾矿用作井下充填材料；对于尾矿中含石英很高，当地对建筑材料的需用量大，则可考虑利用尾矿生产蒸压硅酸盐砖、瓦；当尾矿中的石英含量高，同时有害组分（硫、铁、钛、铬等）又很微量时，还可用作玻璃的原料；又如当矿山产出的尾矿中含 CaO 较高，而 MgO 的含量又很低时，则可用作水泥的原料；再如当矿山产出的尾矿中富含 Al_2O_3 和 SiO_2，则可考虑用作耐火材料的原料。此外，对于成分复杂的尾矿，当尾矿中的矿物组分和化学成分符合生产铸制品的原料要求时，则可用来试制铸石制品，或用于烧制陶粒。总之，尾矿的综合利用应根据矿山的具体条件，全面考虑确定。

但是不论将尾矿利用于哪种途径，必须注意下列几点：

（1）尾矿中有用金属或有用矿物的含量很微，预计在较长年限内通过选矿技术也难以回收。

（2）尾矿中不含有放射性元素或含量极微，用以制作建筑材料，其放射剂量不致危害人体健康。

（3）尾矿的物理化学性质和矿物组成（包括有用矿物和微量有害元素）基

本符合利用途径的要求。

（4）在利用尾矿之前，对其所含选矿药剂和油类，应采取适当措施妥善处理。

（5）利用尾矿制作建筑材料时，必须注意回收尾矿中所含微量的有用金属和稀贵金属。

为此，在利用尾矿时，应对尾矿进行化学成分的全分析、粒级组成的分析、药剂和油类含量的分析，并对其密度、堆积密度、孔隙率、压实系数、渗透率、水解难易度等进行测定。

5.3.2　利用尾矿回收有用金属与矿物

尾矿再选是尾矿利用的两个主要内容之一，它包括老尾矿再选利用，还包括新产生尾矿的再选以大力减少新尾矿的堆存量，还包括改进现行技术减少新尾矿的产生量。尾矿再选使其成为二次资源，可减少尾矿坝建坝及维护费用，节省破磨、开采、运输等费用，还可节省设备及新工艺研制的更大投资，因此受到越来越多的重视。铁矿、铜矿、铅矿、锡矿、钨矿、钼矿、金矿、铌钽矿、铀矿等许多金属矿的选矿尾矿再选方面已取得了一些进展及效益，虽然其规模及数量有限，但取得的经济、环境及资源保护效益是明显的，前景是良好的。

尾矿再选的难题在于弱磁性铁矿物，共、伴生金属矿物和非金属矿物的回收。而弱磁性铁矿物，其伴生金属矿物的回收，除少数可用重选方法实现外，多数要靠强磁、浮选及重磁浮组成的联合流程，需要解决的关键问题是有效的设备和药剂。采用磁浮联合流程回收弱磁性铁矿物，磁选的目的主要是进行有用矿物的预富集，以提高入选品位，减少入浮矿量并兼有脱除微细矿泥的作用。为了降低基建和生产成本，要求采用的磁选设备最好具有处理量大且造价低的特点。用浮选法回收共、伴生金属矿物，由于目的矿物含量低，为获得合格精矿和降低药剂消耗，除采用预富集作业外，也要求药剂本身具有较强的捕收能力和较高的选择性。因此，今后的方向是在研究新型高效捕收剂的同时，可在已有的脂肪酸类、磺酸类药剂的配合使用上开展一些研究工作，以便取长补短，兼顾精矿品位和回收率。对于尾矿中非金属矿物的回收，多采用重浮或重磁浮联合流程，因此，研究具有低成本、大处理量、适应性强的选矿工艺、设备及药剂就更为重要。

我国在利用尾矿回收有用金属和矿物方面做了大量工作。许多矿山都做出了非常有益的尝试，并获得可喜的成绩。如辽宁本溪南芬选矿厂尾矿再选工艺于1993年11月投入生产运行。尾矿再选厂选用 HS 回收磁选机和再磨再选加细筛自循环弱磁选流程回收尾矿中的铁矿物，工艺流程图如图 5-1 所示。生产实践表明，采用该流程可获得品位 64.53%、回收率为 7.56% 的低硫磷的铁精矿，

1994～1995年处理尾矿225万吨，获得铁精矿8.6万吨，创效益1032万元以上。

山东省七宝山金矿从选金尾矿中回收硫精矿，最初采用硫酸活化法回收硫，但由于成本太高，改为采用旋流器预处理工艺，使选硫作业成本降低了45%，取得了很好的效果。

对优先浮选的尾矿采用旋流器对选金尾矿矿浆进行浓缩脱泥，丢掉细泥部分，沉砂加水搅拌擦洗可以恢复黄铁矿的可浮性，通过下一步的浮选作业，获得硫精矿。φ350mm旋流器安装在搅拌槽上方，沉砂进入搅拌槽，同时补加清水，选硫浮选中采用一次粗选、一次扫选流程，加黄药60g/t、松醇油40g/t。该工艺不使用硫酸，使选硫精矿成本降低，获得的硫精矿品位达37.6%，回收率为82.46%，且精矿含泥少，易沉淀脱水，可年增加效益约120万元。

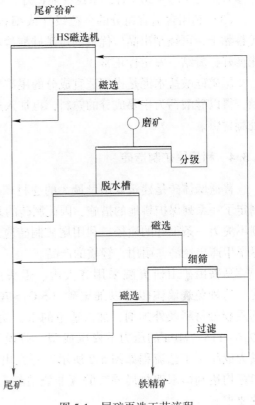

图 5-1　尾矿再选工艺流程

5.3.3 利用尾矿烧制水泥

金属矿山选矿厂排出的尾矿是一种磨细的、量大的工业废料，其粒径细小，与水泥生料的颗粒略同。因此，研究并利用以方解石、石英为主的尾矿作为水泥生料的配料烧制水泥是有着重要意义的。

北京建筑材料科学研究院、凡口矿铅锌矿、长沙矿山研究院、长沙有色冶金设计院、原北京水泥工业设计院等单位，对凡口尾矿进行了试验研究工作，并获得了优异的成果，试验研究证明：

（1）利用含适宜组分的全粒级（或细粒级）尾矿可烧制成质量良好的井下胶结充填的低标号水泥，产品28天的强度可达100～200kg/cm²，其强度基本上能满足井下胶结充填的要求。

（2）含适宜组分的尾矿经一定的温度煅烧后，可作硅酸盐水泥的混合材，其用量可达15%～55%。掺入15%的尾矿熟料作混合材时，水泥标号仍能维持

600 号；掺入 30% 时，水泥标号可达 500 号；掺入 50% 时，水泥标号达 400 号。其掺入量为 15%～30% 时，水泥性能良好，凝结、安定性正常。

（3）利用含适宜组分的全粒级（或细粒级）尾矿，作为硅酸盐水泥的原料代替黏土，可烧制出品质优良的尾矿硅酸盐水泥，其标号在 400 号以上，水泥性能良好，凝结、安定性正常。

尾矿硅酸盐水泥是指用适宜成分的尾矿与适量的石灰石混磨后，烧至部分熔融，得以硅酸钙为主要成分的熟料，再加入适量的石膏磨成细粉而制成的水硬性胶凝材料。

5.3.4　利用尾矿制造砖

普通墙体砖是建筑业用量最大的建材产品之一，而国家为了保护农业生产，制定了一系列保护耕地的措施，因此制砖的黏土资源越来越紧张，利用尾矿制砖则不失为一条很好的途径。利用尾矿制砖应从砖体结构和加工工艺上开展研究，尽早生产出经济、耐用、轻质的产品。

马鞍山矿山研究院采用齐大山、歪头山铁矿的尾矿，成功地制成了免烧砖，这种免烧墙体砖是以细尾砂（$SiO_2 > 70\%$）为主要原料，配入少量骨料、钙质胶凝材料及外加剂，加入适量的水，均匀搅拌后在 60t 的压力机上施加以 19.6～114.7MPa 的压力下模压成型，脱模后经标准养护（自然养护）28 天，成为成品，工艺流程如图 5-2 所示。齐大山、歪头山两种尾矿砖经测试，各项指标均达到国家建材局颁布的《非烧结黏土砖技术条件》规定的 100 号标准砖的要求。

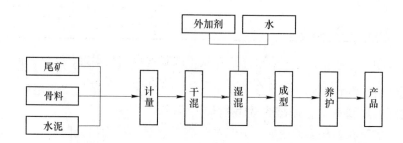

图 5-2　尾矿免烧砖工艺流程

大连理工大学与鞍钢大孤山铁矿协作，利用铁尾矿和石灰为主要原料，加入适量改性材料及外加剂，研制成的蒸养尾矿砖，物理力学性能都比较好，其标号可以达到 100 号以上标准砖的要求。梅山矿业公司选矿厂在不添加任何助剂的情况下，直接用尾矿做建筑烧砖原料，也取得较好的效果，年处理湿尾矿近 10 万吨，获得了较好的经济及社会效益。

5.3.5 利用尾矿制造其他建筑材料

5.3.5.1 利用尾矿试制铸石

我国重庆市建筑科学研究所利用綦江铁矿重选尾矿，加配重庆大溪沟页岩及重庆东风化工厂生产红矾钠的下脚料铬渣试制成铸石。原料的化学成分及配比见表5-3，获得产品（试制铁尾矿铸石）化学组成见表5-4。

表 5-3　铁尾矿铸石原料配比　　　　　　　　　　（%）

项目	原料种类	烧损量	SiO_2	Al_2O_3	Fe_2O_3	CaO	MgO	Cr_2O_3	其他
原料化学组成	铁尾矿	8.91	48.5	4.09	33.66	1.44	0.86		
	页岩	6.03	60.34	17.34	5.04	4.67	0.48		
	铬渣	6.46	12.63	6.94	8.33	36.76	13.20	2.73	
	萤石				$CaF_2 = 82.88$				
炉料化学成分	铁尾矿	2.22	12.12	1.02	8.42	0.36	0.22		
	页岩	3.02	30.17	8.67	2.52	2.34	0.24		
	铬渣	1.62	3.11	1.73	2.08	9.19	3.33	0.68	
	萤石	外加							
	合计	6.86	45.40	11.42	13.02	11.89	3.76	0.68	6.97
铸石成分			48.70	12.27	14.00	12.78	4.04	0.73	7.46

表 5-4　产品（试制铁尾矿铸石）化学组成　　　　　　　（%）

二氧化硅（SiO_2）	45.86	氧化钙（CaO）	16.81
三氧化二铝（Al_2O_3）	14.14	氧化镁（MgO）	8.39
三氧化二铁（Fe_2O_3）	8.57	三氧化二铬（Cr_2O_3）	1.29

铸石的断面为紫灰色、断口呈细瓷状，肉眼观察结晶很好，矿物相经X射线粉末法鉴定为普通辉石。试制铸石的物理和化学性能见表5-5。

表 5-5　试制铸石的物理和化学性能

堆积密度/$g \cdot cm^{-3}$	3
抗压强度/$kg \cdot cm^{-2}$	6600～8500
抗折强度/$kg \cdot cm^{-2}$	675～800
抗拉强度/$kg \cdot cm^{-2}$	288
抗冲击强度/$kg \cdot cm^{-2}$	64.4
磨损率/$g \cdot cm^{-2}$	0.262
耐酸碱度/%	>99

5.3.5.2　玻璃

鞍山焦耐设计院利用鞍山一个选矿厂的尾矿试制玻璃器皿，进行了初步的探索试验，尾矿的化学成分见表 5-6。

（1）采用 84%尾矿加 16%的碳酸钠用石墨小坩埚置于焙烧炉中加热，原料在 1200℃时开始熔化，到 1380℃时将坩埚取出，把玻璃液倾倒出来。玻璃为墨黑色，组织较密实，在玻璃中含有未熔的小颗粒，有时其中夹有较多的气泡。

（2）采用硝酸钠和氯化钾来助熔和脱色，试用下列 3 种配料方案：

1）尾矿：碳酸钠：氯化钠：硝酸钠＝100：25：11：7，将混合料在温度为 1300℃以下的坩埚内烧制。

2）尾矿：碳酸钠：硝酸钠：熟石灰＝100：25：10：15，将混合料在炉温能达 1380℃的坩埚内烧制。

3）尾矿：碳酸钠：硝酸钠：熟石灰＝100：25：18：20，将混合料在炉温能达 1380℃的坩埚内烧制。

试验结果：第 1 种配料方案所烧出的玻璃呈咖啡色，不透明，并含有很多细小未熔化的砂粒。第 2 种配料方案，在 1240℃时玻璃呈淡黄色，到 1380℃时则呈绿色，透明性较好，但玻璃仍留有砂的微粒和气泡。第 3 种配料方案结果较差，熔化物类似炼铁矿渣。

此后，又在鞍山某选矿厂内进行较大型试验，熔炼在坩埚窑内进行，坩埚容量为 400kg，原料分 3 次加入，4h 后，温度为 1230℃，取出之样品呈茶色，未发现气泡和未化颗粒；再经 9h，温度到 1270℃样品呈深咖啡色；又经 4h，温度至 1320℃，样品颜色更深且转黑。在温度为 1270℃时，进行了人工吹制和机械吹制玻璃瓶，在空气中和冷却窑内冷却后，结果还好，只是颜色呈黑色。

由此看来，利用尾矿熔制玻璃，对尾矿中所含有害组分，特别是氧化铁和硫等的含量不能太高，因为氧化铁在熔化过程中，使热量不易传至熔融体的中部，原料难以烧透，同时使玻璃的颜色深。如果用选矿方法将尾矿中的铁、硫、钛、铬等杂质去掉，再加适当的其他配料，烧制日用玻璃器皿是完全可能的。

5.3.5.3　利用尾矿制造耐火材料

一般工业国家的耐火材料约有 60%~70%是用于冶金工业，其中 55%~65%是用于钢铁工业。因此，在发展冶金工业的同时必须发展耐火材料工业。不断革新耐火材料，可为提高冶金技术创造条件。制造高质量的耐火材料必须从选用优质原料着手。但是，也有某些热工设备对耐火材料的技术性能要求不是很高，可以考虑利用工业废渣制作，如金属矿山的尾矿当其矿物组分基本符合某种耐火材料的组分时，可以作为原料。

鞍山焦耐设计院曾利用鞍山某选厂尾矿和鞍山附近黏土在硅砖窑内试烧耐火砖。均取得一定效果。

尾矿和黏土的物理性质及化学成分列于表 5-6 和表 5-7。

表 5-6 尾矿物理性质及化学成分

物理性质	颜色灰暗、粒度通过 4900 孔/cm² 筛的筛余量为 0~40%，一般在 20% 以下，密度为 1100km/m³ 左右								
化学 性质	成分	TFe	FeO	Fe_2O_3	SiO_2	CaO	MgO	Al_2O_3	S	烧损
	含量/%	21.88	6.87	17.50	62.00	1.99	0.72	1.02	0.03	1.27

表 5-7 鞍山附近黏土物理性质及化学性质

物理性质		颜色红黄色，颗粒坚硬，可塑性好			
化学性质	成分	SiO_2	Al_2O_3	CaO	MgO
	含量/%	65.20	20.19		

5.3.5.4 利用尾矿烧制陶粒

沈阳市第一建筑工程公司和辽宁工业建筑设计院曾利用沈阳地区的尾矿粉掺配煤矸石制成，容重为 640~1000kg/m³，松散容重为 420~700kg/m³ 的陶粒。陶粒的外壳坚硬，内部有均匀细小而互不连通的蜂窝状孔洞，可用作配制各种用途的轻集料混凝土。

5.3.5.5 型砂

造型用砂历来都是用硅砂，但因其 SiO_2 含量高达 98% 以上，在铸造过程中产生大量高浓度的游离 SiO_2 粉尘，对工人的身体危害极大。研究采用了石灰石加工的"七零砂"大大减少了硅肺的危害，"七零砂"成功后，大连市原劳动卫生研究所和辽宁某石棉矿加工铸造试验了一种新型的造型材料。采用白云质石棉尾矿作型砂，大大简化了造型工艺。白云质石棉尾矿中加入 5% 的膨润土和 3% 左右的水，经混砂机搅拌 5min 后就可直接造型，可节约圆钉 95% 以上。芯模不须干燥，只要用喷灯将表面干燥约 10mm 厚，再用稠液铅粉涂刷两遍，就可以合箱浇铸（即潮模浇铸），其质量高，表面光滑，便于清砂。有的单位在同种工件硅砂造型时废品率曾高达 70%，改用白云质石棉尾矿造型时废品率却下降到 5% 以下。白云质石棉尾矿与硅砂用同样的操作方法造型，白云质石棉尾矿的透气性好，而且白云质石棉尾矿，可以多次使用，复用性比"七零砂"好，80% 以上可以再用，吃砂量占 5% 左右，白云质石棉尾矿可以长期保存，不怕风化，不怕水浸，且成本比"七零砂"低。

5.3.5.6 混凝土的掺合料

有不少混凝土建筑物、构筑物和混凝土预制件，要求标号为 140、110、90、70 就可以满足强度要求，至于某些工程的混凝土垫层或基础，要求标号可低到 70~50。而当前国内生产的水泥大多数标号为 400，在确保工程质量安全可靠的前提下，为了节约水泥用量，可在现场施工拌制混凝土时，掺以适量的活性的（水硬性的）或填充性的（非活性的）材料。使水泥的标号达到不超过混凝土标号的 2~2.5 倍，这不但可提高混凝土的混合性，并可增加混凝土的密实性。特别对于蒸压或蒸养的混凝土，加以适量的掺合料时，可以加速混凝土硬化并提高混凝土的标号。利用尾矿作混凝土的掺合料，只要其中硫化物和硫酸盐中的 SO_2 含量不超过 1%，有机质含量用比色法试验不深于标准色，粒度 65% 在 4900 孔/cm^2 以下，就可作为掺合料。例如，鞍山建筑公司曾利用尾矿作混凝土的掺合料，该尾矿含 SiO_2 为 70%，含 SO_3 很低，用量在 200kg/m^3 以内的混凝土，效果甚好。掺尾矿粉的混凝土使用范围较广，该公司曾用于工业建筑的厂房基础，瓦斯管道基础，烟囱基础以及民用住宅的板、梁等工程上。施工时，混凝土的混合性与保水性是良好的，而且在混凝土硬化以后经较长时间的观察，其表面也无不良的迹象。至于使用在浸水或循环潮湿的冻结的结构中，还没有做系统的试验，在未明确它的结果前暂以不使用为妥。

尾矿作为掺合材料掺用时，可以采用湿法或干法，要求严格掌握配合、拌和、浇筑、养护等操作技术，这样就可以做出品质优良的混凝土。

5.3.5.7　利用尾矿作采空场的填充材料

我国应用充填采矿法的金属矿山日益增多，在充填料制备、输送技术、充填材料开发和充填回采工艺技术等方面均取得了长足的发展，加之井下无轨自行设备的广泛应用，充填采矿现已成为我国一种高效的开采方法。随着现有探明的矿产资源的不断消耗，采矿向深部发展，地温地压的增加，环保要求的日趋严格，充填采矿法在 21 世纪将会得到更大的发展。

如三山岛金矿井下采用的主要采矿方法有点柱法、分层充填法、进路法和混合法四种。其中，进路法包括盘区进路法、分区进路法和单条进路法。各种采矿方法采场的充填均采用尾砂水力充填和尾砂胶结充填系统。采场的回采和充填，由下向上按水平分层进行，采场分层回采结束后，进行分层充填。分层充填高度一般为 3.0m，其中，底部为 2.6m 高，采用废石和尾砂充填，即先用井下开拓和采准工程的废石回窿充填至 0.4m 左右，再用尾砂充填，并找平；表层 1.5m 高，采用灰砂比为 1：4 的胶结充填，充填后形成采场下一分层的作业底板。点柱法和分层充填法采场充填后留有 1.0~1.5m 的爆破补偿空间；进路法采场接顶充填，其中，盘区进路法采场中先施工的进路，其底部为 2.6m 高；采用灰砂比为 1：10 的胶结充填。

北京有色冶金设计研究总院与三山岛金矿合作，进行了点柱式机械化分层充填采矿法充填工艺试验研究。在试验研究成果的基础上，经多年实践，尾砂水力充填和尾砂胶结充填系统在三山岛金矿得到了改进与完善，从而满足了充填要求。

5.3.5.8 尾矿土地复垦

土地复垦是指对在生产建设过程中，对因控损、塌陷、压占等造成破坏的土地进行整治，使其恢复到可供利用状态的活动。尾矿复垦是指在尾矿库上复垦或利用尾矿在适宜地点充填造地等与尾矿有关的土地复垦工作。

尾矿复垦工作在我国起步较晚，可以说还处在初级阶段，总结我国尾矿复垦情况，主要有如下几种复垦利用方向。

A　复垦为农业用地

复垦为农业用地的方式一般应覆盖表土并加施肥料或前期种植豆科植物来改良尾砂，其覆土厚度一般可按下列公式估算：

$$P = H_b + H_k + 0.2$$

式中　P——覆土厚度，一般取值为 0.2~0.5m；

$\quad\quad H_b$——毛细管水升高值，随土壤类型不同而不同，m；

$\quad\quad H_k$——育根层厚度，随植物种类不同而变化，m。

B　复垦为林业用地

大多数尾矿库特别是其坝体坡面覆盖一层山皮土后都可用于种植小灌木、草藤等植物，库内可种植乔、灌木，甚至经济果木林等。复垦造林在创造矿区卫生优美的生态环境方面起了很大作用，并对周围地区的生态环境保护起着良好的作用。

C　复垦为建筑用地

有些尾矿库的复垦利用必须与城市建设规划相协调。根据其地理位置、环境条件、地质条件等修建不同功能的建筑物，以便收到更好的社会效益、经济效益和环境效益。复垦建筑用地时的地基处理是关键，应根据尾矿特性、地层构造、结构形式等设计相应的基础条件，在结构设计上采取可靠措施，以达到健全、经济、合理之目的。但尾矿库上修筑的建筑物一般以 2~4 层为宜，不宜超过 5 层。

D　尾砂直接用于种植改良土壤

尾矿砂一般具有良好的透水、透气性能，且有些尾砂由于矿岩性质和选矿工艺不同，还含有植物生长所必需的营养元素，特别是微量元素。因此，尾砂可直接用于种植或用做客土改良重黏土而复垦造地。

E　尾矿土地复垦的一般程序

尾矿复垦作为一个工程，其工作程序离不开工作计划和工程实施两个阶段。由于土地和生态系统的形成往往是经过较长时间的自组织、自协调过程，复垦工程实施后所形成的新土壤和生态环境，往往也需要一个重新组织和各物种、成分之间相互适应与协调的过程才能达到新的平衡。而复垦工程实施后有效的管理和改良措施可以促使复垦土地的生产能力和新的生态平衡尽早达到目标，所以，复垦工作后的改善与管理工作是必不可少的。因此，根据土地复垦工程的特点，其一般可概括为以下三大阶段。第一阶段：尾矿复垦规划设计阶段；第二阶段：尾矿复垦工程实施阶段，即工程复垦阶段；第三阶段：尾矿工程复垦后改善与管理阶段，除复垦为建筑或娱乐用地外即生物复垦阶段。

5.4　我国尾矿综合利用存在的问题与对策

5.4.1　存在的问题

我国在尾矿综合利用方面虽然取得了很大成绩，但远不能适应经济和社会可持续发展的要求，与国内其他领域工业固体废弃物的利用水平及国际先进水平相比，存在着较大差距：

（1）综合利用率低。我国目前矿产资源的总回收率只能达到30%左右，平均比国外水平低20%。就采选的回收率而言，铁矿为67%，有色金属矿为50%～60%，非金属矿为20%～60%。有益组分综合利用率达到75%的选厂只占选厂总数的2%，而70%以上的伴生综合矿山，综合利用率不到2.5%。更值得注意的是有些矿山的共（伴）生组分甚至超过矿产的价值，但这些共（伴）生组分在主矿产选矿时进入尾矿未得到利用。仅以有色矿山为例，每年损失在尾矿中的有色金属就达20万吨，价值在20亿元以上。国外尾矿的利用率可达60%以上，欧洲一些小国已向无废物矿山目标发展，而我国尾矿的利用率仅为7%左右，差距很大。

（2）高附加值产品少，缺乏市场竞争力。目前，我国尾矿在工业上的应用，大多仅停留在对尾矿中有价元素的回收上或直接作为砂石代用品（粗、中粒）销售，开发出的高档建材产品如微晶玻璃花岗石、玻化硅等，因工艺过程相对复杂，成本较高，而密度又较大，无法与市场上出售的各种装饰建材相竞争。

（3）投入不足，政策扶持力度有待加强。长期以来，尾矿利用项目在资金上得不到保证，投入严重不足。

（4）资源意识、环境意识不高。资源利用的法律、法规建设落后，尾矿利用基础管理薄弱，缺少尾矿利用的基础资料等，皆成为制约尾矿利用的影响因素。

5.4.2　尾矿利用的对策与建议

在第二次工业污染防治工作会议上国家强调："综合利用，变废为宝，既保护了国家的资源，又充分利用了国家资源，同时又净化了环境，可谓一举多得。"报告高度概括了资源综合利用的必要性和迫切性。在面向21世纪新的历史发展阶段，我国有限的资源将承载着超负荷的人口、环境负担，仅靠拼资源、外延扩大再生产的经济增长是不可能持续的。结合尾矿利用的现状以及大量尾矿所带来的许多问题，尾矿利用工作应当进一步引起有关部门、矿业企业的高度重视，应从政策、经济、法律以及技术等方面采取切实可行的措施。

（1）进一步转变观念、提高尾矿利用意识。国家有关部门应确定尾矿利用在资源综合利用中的重要地位，矿山企业应当树立长远观念，要把尾矿利用作为实现矿业持续发展的必要措施。要运用各种手段和形式，加强尾矿利用的宣传教育，使全行业真正认识到尾矿利用对节约资源、保护环境、提高矿山经济效益、促进经济增长方式的转变、实现合理配置资源和可持续发展有着重要的意义。

（2）完善法律和政策体系，强化政策导向作用。1996年我国修订了《矿山资源法》，对矿产资源的合理开发和有效保护起到了积极的保护作用。但这项法规还不能完全适应新形势的要求，希望尽快出台关于资源综合利用和再生资源综合利用的法律法规，使资源综合利用包括尾矿综合利用工作能够纳入法制化轨道。同时继续贯彻现有的一些鼓励资源综合利用的政策，如《国务院批转国家经贸委等部门关于进一步开展资源综合利用意见的通知》，财政部、国家税务总局《关于继续对部分资源综合利用产品实行增值税优惠政策的通知》等。

（3）强化管理工作，增加对尾矿利用的投入。尾矿利用是社会性公益事业，除充分发挥市场机制的作用外，还应加强综合部门的宏观管理，将尾矿利用纳入国家、行业发展规划和制订分步实施的计划。矿山企业要对尾矿利用工作统筹规划，要设立或指定具体的管理机构，加强企业内部尾矿利用的管理与协调。

鉴于尾矿利用是集环境、社会、经济效益于一体的长期性、公益性事业，国家应当加大科技投入的力度，建立工程化研究基地和示范工程。建议国家设立资源综合利用专项基金，在政策性银行设立资源综合利用贷款专项，并给予贴息、低利率、延长还款期等方面的信贷优惠政策，引导企业增加对尾矿利用的投入，使我国尾矿利用工作走上健康发展的道路。

（4）加强尾矿资源的调研工作，加大尾矿利用科技攻关力度。由于我国的尾矿量大、分布广、性质复杂，因此加强对尾矿资源的调研工作，摸清基本情况，找出存在的问题并对症下药是推进尾矿利用的重要基础。通过调研，摸清现有尾矿堆存的数量、年排出量、尾矿的基本类型、粒度组成、各种有用金属矿物和非金属矿物含量、有害成分的含量等，根据地域和不同类型尾矿的特点，从技术、经济上指出其合理利用的途径。

搞好尾矿综合利用，还有许多技术问题需要解决。因此，必须加大科技攻关的力度，应重点解决尾矿中伴生元素的综合回收技术、经济地生产高附加值以及大宗用量的尾矿产品的实用技术等，开展尾矿矿物工艺学的研究。国家应大力支持尾矿利用科技攻关工作，通过科技攻关及成果的推广，使我国尾矿利用率由目前的 7%~30%，逐步提高我国工业固体废弃物综合利用的整体水平，缩小与世界先进水平的差距。

复习思考题

5-1 为什么要进行尾矿综合利用？

5-2 尾矿有哪些危害？

5-3 尾矿的粒度组成大约有哪几类？

5-4 尾矿的化学成分如何？

5-5 尾矿综合利用的途径有哪几个方面？

5-6 我国在尾矿综合利用方面存在哪些问题？

5-7 如何做好尾矿综合利用工作？

6 南京梅山铁矿尾矿处理实践

6.1 梅山尾矿的性质

梅山选矿采用预先抛尾、浮选降磷甩尾并涵盖磁、重、浮等联选的混合工艺流程。产生尾矿分干、湿两类。干尾矿粒度范围为 50.0~2.0mm，其化学成分、矿物组成见表 6-1、表 6-2，是良好的建筑材料。可根据需要进行分级。湿尾矿分重选预先抛尾的细粒级湿尾矿和浮磁降磷尾矿，需要进行专门的浓缩处理。粒度组成见表 6-3。其化学成分、矿物组成及含量、密度和堆积密度等分别见表 6-2~表 6-4。

表 6-1 尾矿化学成分 （%）

样 品	TFe	FeO	Fe_2O_3	V_2O_5	TiO_2	SiO_2	Al_2O_3	CaO
重选尾矿（干尾）	15.21	7.58	13.32	0.048	0.38	34.12	11.20	9.94
降磷尾矿（湿尾）	23.86	13.77	18.81	0.076	0.17	22.18	3.24	12.76
综合尾矿	20.30	12.08	15.60	0.064	0.25	25.89	6.90	12.46

样 品	MgO	MnO	K_2O	Na_2O	S	P	C	烧损
重选尾矿（干尾）	2.40	0.23	1.75	0.16	0.978	0.457	3.37	15.65
降磷尾矿（湿尾）	2.89	0.30	0.49	0.15	0.964	1.34	4.85	17.81
综合尾矿	3.76	0.28	1.02	0.15	0.962	0.957	4.34	17.12

表 6-2 尾矿矿物组成及含量 （%）

样品	菱铁矿	赤（褐）铁矿	磁铁矿	黄铁矿	铁白云石、方解石	磷灰石
重选尾矿（干尾）	14.0	7.0	3.4	1.7	11.3	2.5
降磷尾矿（湿尾）	27.6	16.6	0.2	1.8	10.2	7.3
综合尾矿	22.8	12.4	1.4	1.8	10.6	5.2

样品	石英	石榴石、透辉石	绿泥石、云母	黏土矿物	其他
重选尾矿（干尾）	16.5	7.4	17.1	15.5	3.6
降磷尾矿（湿尾）	16.0	4.0	10.4	3.1	2.8
综合尾矿	16.2	5.1	12.8	8.8	2.9

表 6-3 　尾矿粒度分析

粒径/mm	产率/%		品位/%		
	部分	累计	TFe	S	P
>0.833	0.04				
>0.417	0.96	1.00			
>0.175	4.96	5.96	8.00	0.570	0.392
>0.147	2.08	8.04	10.91	0.460	0.278
>0.104	4.60	12.64	13.50	0.552	0.328
>0.074	4.80	17.44	15.85	0.647	0.431
>0.037	12.70	30.14	15.41	0.815	0.899
<0.037	68.96	100	22.13	0.775	1.090
合计	100		19.30	0.738	0.931

表 6-4 　尾矿物理性质测量结果

样　品	密度/g·cm^{-3}	堆密度/g·cm^{-3}	比表面积/m^2·g^{-1}
重选干尾矿	2.87	1.21	15.81
降磷湿尾矿	3.13	1.27	7.07
综合尾矿	3.01	1.17	10.44

6.2 　梅山湿尾矿的浓缩与输送

小于 2.0mm 的尾矿以湿尾矿存在，浓度较低，若重选湿尾浓度在 5% 左右，浮磁尾矿也仅为 12% 左右，必须进行浓缩处理。梅山湿尾矿浓缩输送流程如图 6-1 所示。

重选湿尾矿首先进入 2 台 BCN-50（技术性能见表 6-5）尾矿大井进行浓缩，使尾矿浓度由 5% 提高至 20%，然后由泵扬送至 2 台 HRC25m 高压浓密机，与浮磁尾矿混合进行二次浓缩。

浮磁尾矿直接进入两台 HRC25m 高压浓密机（技术性能见表 6-6），并与浮磁尾矿混合进行浓缩。

重选湿尾矿及浮磁尾矿经 HRC25m 高压浓密机加药浓缩后，浓度可提至 45% 以上，并由泵扬送至隔膜泵给矿箱，作为隔膜泵的输送原料。

在尾矿输送总砂泵站安装了 3 台 SGMB140/7 双缸双作用往复式活塞隔膜泵（技术性能见表 6-7），将 HRC25m 高压浓密机的底流，通过 φ245mm 耐磨铸管扬送至远离梅山选厂约 12.5km 外的梁塘尾矿库堆存。

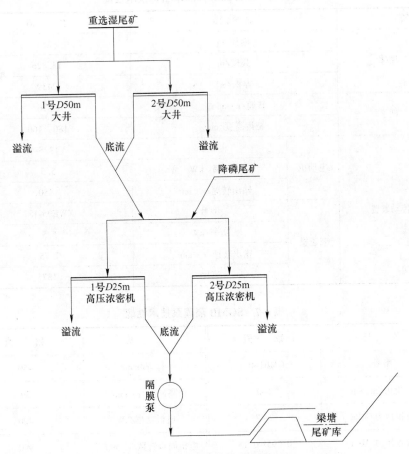

图 6-1　湿尾矿浓缩工艺流程

表 6-5　BCN-50 浓缩机技术性能

型号	BCN-50	减速机	型式	SKH500
浓缩池直径/m	50		中心距/mm	500
浓缩池深度/m	4.524		速比	47.47
沉降面积/m²	1964	电动机	型号	Y180L-6
耙架每转时间/min	21.7		功率/kW	15
处理能力			轴转数/r·min⁻¹	970
轨道中心直径/m	51.779		机器总重/kg	60.18
齿条中心直径/m	52.025	备　注		

表 6-6　HRC25m 高压浓密机技术性能

部　件	名　称	数　值
槽体	内径/m	25
	高度/m	13.826
	容积/m³	2439
耙子	转速/r·min⁻¹	9.16
	耙齿高度/mm	180, 160
传动装置	电动机	型号	Y132S-4
		功率/kW	5.5
		输出转速/r·min⁻¹	1450
	减速机	型号	XWE95-187
		功率/kW	5.5
		输出转速/r·min⁻¹	7.75
		速比	187

表 6-7　SGMB 隔膜泵技术性能

名　称	数　值	名　称	数　值
型号	SGMB140/7	行程/mm	450
输送能力/m³·h⁻¹	140	最高冲次/r·min⁻¹	39
排出压力/MPa	2~7	电机功率/kW	400
吸入压力/MPa	0.095~0.15	电机同步转数/r·min⁻¹	990
安全减压阀设定值/MPa	7.6	电机型号	1LA1450-6
活塞直径/mm	230		

6.3　梁塘尾矿库

6.3.1　梁塘尾矿库基本情况

梅山梁塘尾矿库是原吉山铁矿的二期尾矿库（大约使用半年后，矿山停产废弃），位于梅山矿业公司东南，与矿业公司相距 12.5km，于 1999 年 5 月由梅山矿业公司重建并投入使用。总库容 1050 万立方米，初期坝顶标高 70m，最终坝体标高 85m。其他基本情况见表 6-8 和表 6-9。

表 6-8 初期坝体构造

坝体名称	主 坝	1 号副坝	2 号副坝
坝型	堆石坝	防渗斜墙堆石坝	堆石坝
最大坝高/m	27	17	6
坝顶长/m	990	400	92
上、下游坡度	1∶2	1∶1.8	1∶1.8
坝顶宽/m	5	3	3

表 6-9 终期坝体构造

坝体名称	主 坝	2 号副坝	3 号副坝
筑坝方法	上游法	下游法	堆石坝
最大坝高/m	27	17	5
坝顶长/m	990	400	
上、下游坡度	1∶2	1∶1.8	
坝顶宽/m	3	3	3

6.3.2 管理要求

6.3.2.1 尾矿排矿

尾矿排矿要求如下：

（1）粗粒沉积于坝前，细粒排至库内，在沉积滩范围内不允许有大面积矿泥沉积。

（2）沉积滩面应均匀平整。

（3）沉积滩长度及其坡度等应符合要求。

（4）严禁矿浆沿子坝内坡趾流动冲刷坝体。

（5）放矿管所排矿浆不得冲刷初期坝和口子坝。

（6）放矿时应有专人管理，不得离岗。

（7）应于坝前均匀放矿，不得任意在库后或一侧放矿（修子坝或移放矿管时除外）。

（8）坝体较长时应采用分段交替排放作业，使坝体均匀上升，应避免滩面出现侧坡，扇形坡成细粒尾矿大量集中沉积于某端或某侧。

（9）两个相邻尾矿排矿管间距应小于 4m。

6.3.2.2 尾矿库水位控制与度汛

尾矿库水位控制与度汛要求如下：

（1）水边线要求控制在离坝顶的安全位置，不得逼近坝前，也不得偏于坝端一侧。

（2）水边线层与坝轴线保持基本平行，与坝顶距离变化不能太大。

（3）在满足水质的要求下，尽量降低库内水位。

（4）汛期要注意观察库内水位变化及干滩长度变化。

（5）正常生产情况下，干滩长度应保持在 80～120m 以上；汛期，干滩长度最小应达到 100m。

（6）汛期要加大巡逻时间和频率（每小时一次）。

（7）汛期要保证照明、通信、交通的完好。

6.3.2.3　坝体巡检与维护

坝体巡检与维护要求如下：

（1）坝体有无裂缝、塌陷、隆起、流土、管涌、滑裂或滑落等现象。

（2）坝顶高度是否一致。

（3）滩面是否平整，滩长、坡度是否符合要求。

（4）坝坡有无冲刷，渗水是否正常。

（5）排渗设施是否完善。

（6）溢流井是否倾斜，连接部位有无异常。

（7）及时清除淤积，保持坝面排水沟的畅通。

（8）合理修整坝面植被，保证坝面植被良好。

（9）坝体日常巡检必须每 2h 一次，巡检时注意防触电和防毒虫。

6.3.2.4　溢流井添加水泥预制块

溢流井添加水泥预制块要求如下：

（1）添加水泥预制块是多人作业，要注意互相保护，并系好安全带，穿好救生衣。

（2）当溢流井边溢流清水深度小于 600～800mm 时，要考虑及时添加水泥预制块。

（3）水泥预制块添加作业，宜安排在选矿厂停产期间。

（4）要预先检查预制块的质量，禁止使用带有裂缝、缺损的预制块。

（5）要使用合格的水泥、沙子及黄土，以保证工程质量。

（6）将水泥预制块轻轻地安放在溢流井边的预留位置，并用水泥砂浆填缝。

（7）水泥预制块一定要砌正、放稳，缝隙一定要塞满、填实。

6.4　梅山尾矿综合利用

目前，梅山尾矿综合利用已成功并形成规模生产的项目是利用尾矿做烧结砖，每年可消耗尾矿约 1 万吨。而且随着国家限制和禁止使用实心黏土砖政策的进一步落实，梅山尾矿作为制砖原料的前景越加广阔。现阶段是用 4 台 XMZ340/1250 压滤机（设备性能见表 6-10）将部分 HRC25m 高压浓密机的底流尾矿压榨后，再用汽车运至砖厂进行烧砖。

表 6-10   XMZ340/1250 压滤机设备性能表

规格型号	过滤面积 /m²	滤板尺寸 /mm×mm	滤板 数量/块	滤腔厚度 /mm	过滤工作 压力/MPa	油泵额定 压力/MPa	头板行程 /mm	油泵电机	
								型号	功率/kW
XMZ340/1250	340	1250×1250	130	30	≤0.6	20	700	Y100M2-4	5.5

此外，在尾矿中回收有用矿物、利用尾矿作水泥添加剂、利用尾矿作新型建材、尾矿固化等研究工作都取得了较大进展。

复习思考题

6-1 梅山尾矿的最终输送浓度是多少？

6-2 简述梅山尾矿浓缩处理流程。

6-3 梅山梁塘尾矿库的坝型及堆坝方式有哪几种？并简述之。

6-4 尾矿库的巡检内容有哪些？

参 考 文 献

［1］杨小聪，郭利杰. 尾矿和废石综合利用技术［M］. 北京：冶金工业出版社，2018.

［2］陈殿强，王来贵，尾矿库工程及加高过程力学特性研究［M］. 沈阳：辽宁科学技术出版社，2011.

［3］侯运炳，魏书祥，王炳文. 尾砂固结排放技术［M］. 北京：冶金工业出版社，2016.

［4］刘越，熊远喜. 尾矿作业［M］. 北京：气象出版社，2012.

［5］孙传尧. 选矿工程师手册［M］. 北京：冶金工业出版社，2015.

［6］张翼. 选矿过程自动化［M］. 北京：化学工业出版社，北京，2018.

［7］孙长泉，孙成林. 选矿厂工艺设备安装与维修［M］. 北京：冶金工业出版社，2010.

［8］印万忠，丁亚卓. 铁矿选矿新技术与新设备［M］. 北京：冶金工业出版社，2008.

［9］印万忠，刘明选. 实用铁矿石选矿手册［M］. 北京：化学工业出版社，2016.

［10］吴望一. 流体力学［M］. 北京：北京大学出版社，2015.

［11］李伟锋，刘海峰，龚欣. 工程流体力学［M］. 上海：华东理工大学出版社，2016.